U0924128

"十四五"职业教育国家规划教材

福建省高职高专农林牧渔大类十二五规划教材

水质监测与调控技术实训

（第三版）

主　编◎谢丹丹

厦门大学出版社 XIAMEN UNIVERSITY PRESS
国家一级出版社
全国百佳图书出版单位

图书在版编目（CIP）数据

水质监测与调控技术实训 / 谢丹丹主编. -- 3 版
. -- 厦门 ：厦门大学出版社，2021.5(2023.8 重印)
福建省高职高专农林牧渔大类十二五规划教材
ISBN 978-7-5615-8186-5

Ⅰ. ①水… Ⅱ. ①谢… Ⅲ. ①水质监测-高等职业教育-教材②水质控制、高等职业教育-教材 Ⅳ. ①X832②TU991.21

中国版本图书馆CIP数据核字(2021)第066184号

出 版 人　郑文礼
总 策 划　宋文艳
责任编辑　眭　蔚
美术编辑　李嘉彬
技术编辑　许克华

出版发行　厦门大学出版社
社　　址　厦门市软件园二期望海路 39 号
邮政编码　361008
总　　机　0592-2181111　0592-2181406(传真)
营销中心　0592-2184458　0592-2181365
网　　址　http://www.xmupress.com
邮　　箱　xmup@xmupress.com
印　　刷　厦门市明亮彩印有限公司

开本　787 mm×1 092 mm　1/16
印张　7.75
字数　195 千字
版次　2011 年 12 月第 1 版　2021 年 5 月第 3 版
印次　2023 年 8 月第 2 次印刷
定价　32.00 元

厦门大学出版社
微信二维码

厦门大学出版社
微博二维码

本书如有印装质量问题请直接寄承印厂调换

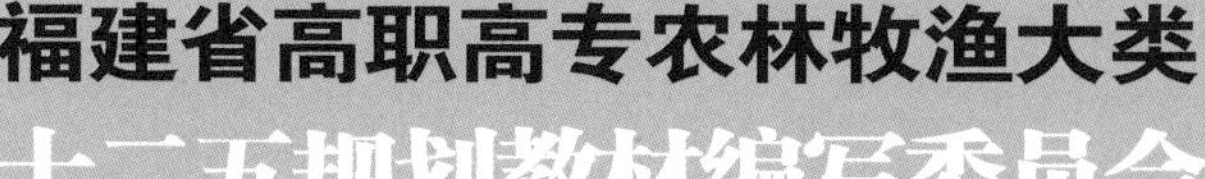

福建省高职高专农林牧渔大类
十二五规划教材编写委员会

主　任　李宝银（福建林业职业技术学院院长）

副主任　范超峰（福建农业职业技术学院副院长）

　　　　黄　瑞（厦门海洋职业技术学院副院长）

委　员

黄亚惠（闽北职业技术学院院长）

邹琍琼（武夷山职业学院董事长）

邓元德（闽西职业技术学院资源工程系主任）

郭剑雄（宁德职业技术学院农业科学系主任）

林晓红（漳州城市职业技术学院生物与环境工程系主任）

邱　冈（福州黎明职业技术学院教务处副处长）

宋文艳（厦门大学出版社总编）

张晓萍（福州国家森林公园教授级高级工程师）

廖建国（福建林业职业技术学院资源环境系主任）

前言

第三版

党的二十大报告明确提出，必须牢固树立和践行绿水青山就是金山银山的理念，站在人与自然和谐共生的高度来谋划发展。环境治理，监测先行。

本书第二版自2015年出版以来，已经在全日制高职高专的环境管理与评价、水产养殖技术、水族科学与技术、环境监测技术等专业和“新型职业农民”大专学历教育水产养殖技术专业的相关课程中使用，受到广大师生的欢迎和好评。

本次再版，作者根据使用过程中收集整理的意见和建议，新增了实验实训视频素材，学习者可以扫码下载或观看，增强了可视化效果和学习的便利性。

本书可供高等职业教育专科专业环境监测技术、环境管理与评价、水产养殖技术、水族科学与技术等及相关专业，高等职业教育本科专业现代水产养殖技术等学生学习使用；可作为“1＋X”污水处理职业技能等级证书培训考核的教材；也可供食品、检验等专业参考使用。

本书由厦门海洋职业技术学院谢丹丹主编，负责拟定教材大纲，编写模块一，模块二，模块三的实训八、实训十至实训二十五，模块四、模块五，录制实验实训视频；厦门世环森源环境科技有限公司罗虹编写模块三的实训九并校稿。

欢迎广大师生在使用本书过程中继续提出宝贵的意见和建议，使得本书能够与时俱进，不断为学习和生产服务。

作　者

2023年6月

前言

第二版

本教材自2011年出版发行以来，已经在全日制高职高专的水产养殖技术、水族科学与技术、水环境监测与保护等专业和在职培训的“新型农民”大专学历教育等的相关课程中使用，受到广大师生的欢迎和好评。

本次再版，作者根据这些年使用过程中收集整理的意见和建议，对书中的相关内容（特别是部分操作方案）进行了修改，使得对应的操作既遵循国标，又便捷高效。

此外，本次再版还新增了“水中余氯的测定”和“氨氮的测定（纳氏试剂法）”两个重要内容，使得本书对于水质测定所涵盖的内容更为全面。

热忱欢迎广大师生在使用本教材过程中继续提出宝贵的意见和建议，使得本教材能够与时俱进，不断为学习和生产服务！

作　者

2015年8月

前言

第一版

本书是福建省高职高专农林牧渔大类十二五规划教材《水质监测与调控技术》的配套实验实训教材，可供水产养殖技术、水族科学与技术、水环境监测与保护等专业的学生学习相关课程时的实验实训课程使用。

水质的状况与养殖生物的生长、发育、繁殖密切相关，也直接影响着养成品（水产品）的安全与质量，因此，水质监测与调控就成为养殖相关专业、水环境监测与保护专业极为重要的能力。学生不仅要掌握水质监测与调控技术的理论要求，更要在实际工作及生产中能够随时动手监测水质，并根据监测结果判断优劣，实施调控，使水质更符合养殖生产的需要或环境标准的要求。

在实训项目的选取方面，本教材主要从养殖生产实际及《GB 11607-89 渔业水质标准》、《GB 3097-1997 海水水质标准》、《GB 3838-2002 地表水环境质量标准》、《GB 5749-2006 生活饮用水卫生标准》、《GB 18668-2002 海洋沉积物质量》等相关国标中选取与养殖用水、水环境质量等关系较为密切并有代表性，且在日常监测中又较为切实可行的项目，包括监测点的布设、样品采集和预处理、物理指标（水温、透明度、色度、嗅和味、盐度、密度、浊度、悬浮物质）、化学指标（pH 值、氯离子、总硬度、钾离子、总铁、溶解氧、亚硝酸氮、氨氮、硝酸氮、活性磷酸盐、总磷和总氮、高锰酸盐指数、COD_{Cr}、BOD_5、硫化物）、底质样品（底质样品的采集和预处理，总有机碳、油类）、水体污染物（重金属、有机磷或有机氯、多环芳烃和多氯联苯、大肠杆菌群、油类）等项目，覆盖面较广。监测方法则主要采用《GB 17378-2007 海洋监测规范》、《GB/T 5750-2006 生活饮用水标准检验方法》、《HJ 442-2008 近岸海域环境监测规范》等国标中规定的标准监测方法，使得监测不仅切实可行，还有法可依。

此外，本书还加入了许多实训器材的图片，加深学生的感性认识，并独创地设计了每个监测项目不同的“实训记录”，方便实用。

本书由厦门海洋职业技术学院谢丹丹主编，并负责拟定教材大纲、统稿、校稿，撰写前言、模块一、实训一至实训二十；厦门大学海洋与环境学院吴曼撰写实训二十一至实训三十。

科学的发展日新月异，我们将一如既往地在今后的教学和科研中持续关注相关的新手段、新方法并引入我们的实训教学中，欢迎广大师生在使用本教材的过程中不断提出批评、意见和建议！

作　者

2011 年 10 月

目录

模块一　水质监测相关知识

水质监测是现代渔业生产过程中非常重要的环节，它对于确定渔业利用方案、养殖生产管理等都提供了十分重要的依据。

在开始水质监测之前，首先应制定监测方案，而监测方案编制前，应收集下列基本资料：

(1)监测水域的地形、地貌和水文气象资料；

(2)监测水域的污染源资料，包括陆域污染源和水上污染源；

(3)监测水域的功能区划、环境功能区划；

(4)水域所处地区经济、社会发展规划资料；

(5)监测水域的水域资源开发利用现状及存在的主要环境问题；

(6)监测水域环境监测历史资料。

为保证水质监测的质量，国家及相关部委制定了有关调查规范、监测规范，不同水域的采样点布设、监测项目选择、采样方法、样品的保存和预处理、监测方法、数据处理等都有相应的规定，我们主要参考《海洋监测规范 GB 17378-2007》、《生活饮用水标准检验方法 GB/T5750-2006》、《近岸海域环境监测规范 HJ 442-2008》、《海洋沉积物质量 GB 18668-2002》等最新的国家标准。

1.1 监测站点的布设和监测项目的选择

1.1.1　监测站点的布设

根据监测目的和性质，明确监测范围，一般以经纬度框定，特定区域也可以用地名表述。在监测范围内设置合理的监测站位，监测站位必须标明站位号码，并明确具体的经纬度。监测站位的布设以能真实反映监测水域环境质量状况和空间趋势为前提，以最少量的站位所获得的监测结果能满足监测目标为原则。监测站位布设需综合考虑以下因素：

(1)一定的数量和密度，在突出重点的前提下(入海河口、重要渔场和养殖区、自然保护区、海上废弃物倾倒区、环境敏感区)，能总体反映监测海域环境全貌；

(2)污染源分布和海域污染状况；

(3)兼顾水域环境质量站位与近岸海域环境功能区的关系;

(4)兼顾各类环境介质站位的相互协调。

养殖海区一般都在近岸海域,其特点是受大陆径流和潮汐影响较大。

近岸海域环境质量监测站位一般采用网格法布点,兼顾海洋水团、水系锋面,重要渔场、养殖场,重要的海湾、入海河口,环境功能区、重点风景区、自然保护区、废弃物倾倒区以及环境敏感区等具有典型性、代表性的海域,必要时可适当增加站位密度,并尽可能沿用历史监测站位。站位设置时尽量避开航道、锚地、海洋倾废区,以及污染混合区。

1.1.2 监测项目和方法的选择

根据监测目的和监测水域的环境特征,选择监测项目。

监测项目选择的参考原则为:

(1)影响面广、持续时间长的水域主要超标污染指标和不易被微生物分解并能使水中动植物发生病变的污染物应作为首选监测项目;

(2)污染物进入水域量大,且被历年监测调查证实的水域主要污染物应选为监测项目;

(3)监测水域特征污染物和根据社会经济发展确定的潜在主要污染物应选为监测项目;

(4)选择的监测项目,在实施阶段有可靠、成熟的监测方法和监测设备支持,并能保证获得有意义的监测结果;

(5)监测所获得的数据要有可评价的标准或可通过比较分析能作出确定的解释和判断,否则这类参数所获得的监测结果将失去其现实意义(科研监测除外)。

1.1.2.1 水质监测项目

养殖生产中的水质是经常变化的,不同的养殖方式水质的变化规律也不同,对于水体常规监测十分必要。

(1)常测项目:水深、盐度、水色、嗅和味、水温、浑浊度、透明度、漂浮物质、悬浮物、pH、溶解氧、高锰酸盐指数(或化学需氧量)、生化需氧量、活性磷酸盐、无机氮(亚硝酸盐氮、硝酸盐氮、氨氮)、非离子氨;

(2)选测项目:海况、风速、风向、气温、气压、天气现象、粪大肠菌群、硫化物、挥发性酚、氰化物、六价铬、总铬、镍、硒、汞、镉、铅、铜、锌、砷、石油类、阴离子表面活性剂、六六六、滴滴涕、有机磷农药、苯并[a]芘、多氯联苯、狄氏剂、氯化物、活性硅酸盐、总有机碳、铁、锰。

1.1.2.2 水体底质质量监测项目

由于水体与相应底质不断进行着物质交换,因此水体底质也严重影响着水质,对于养殖水体进行底质监测也很重要。

(1)常测项目:色、臭、味、废弃物及其他、有机碳、石油类、粒度、总氮、总磷;

(2)选测项目:大肠菌群、粪大肠菌群、硫化物、汞、镉、铅、锌、铜、砷、氧化还原电位、铬、多氯联苯、六六六、滴滴涕、沉积物类型等。

根据现有实验室条件选择符合有关技术标准的分析方法。首先选用国家标准分析方法,其次选用统一分析方法或行业分析方法。如尚无上述分析方法时,可采用 ISO、美国 EPA 和日本 JIS 方法体系等其他等效分析方法,但应经过验证合格,其检出限、准确度和精密度应能达到质量控制要求。

1.2 水样的采集、预处理和保存

水质采样器应具有良好的注充性和密闭性，材质要耐腐蚀，无玷污、无吸附，能在恶劣气候和海况条件下操作。一般可采用抛浮式采水器采集石油类样品，Niskin 球盖式采水器采集表层水样，GO-FLO 阀式采水器进行分层采样，也可结合 CTD 参数监测器联用的自动控制采水系统进行各层次水样的采集。

常见采水器见图 1：

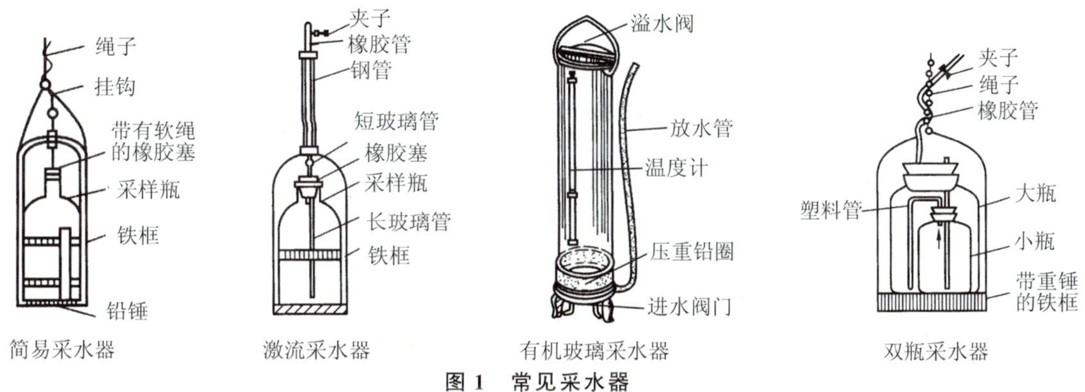

图 1　常见采水器

水样容器要选择合适的材质，并专瓶专用，以防样品交叉污染。使用前必须彻底清洗，并根据质量控制要求进行容器的空白检验，检验合格方可使用。水样预处理、保存和容器的洗涤方法见表 1。

水样分装顺序的基本原则是：不过滤的样品先分装，需过滤的样品后分装。一般按 SS 和溶解氧（生化需氧量）→pH→营养盐→重金属→COD（其他有机物测定项目）→叶绿素 a→浮游植物（水采样）的顺序进行。

如化学需氧量和重金属汞需测试非过滤态，则按 SS 和溶解氧（生化需氧量）→COD（其他有机物测定项目）→汞→pH→盐度→营养盐→其他重金属→叶绿素 a→浮游植物（水采样）的顺序进行。

在规定时间内完成应在现场检测的样品，同时做好非现场检测样品的预处理。

保存方法：

（1）冷藏（冻）法。样品在 4℃冷藏或将水样迅速冷冻，在暗处贮存，但冷藏温度要适宜，冷藏贮存海水样品不能超过规定的保存期。

（2）充满容器法。采样时要使样品充满容器，盖紧塞子，加固不使其松动。

（3）化学法。加入化学试剂控制溶液 pH 值，加抗菌剂、氧化剂或还原剂。

水样保存的具体要求参见表 1。

表1　水样预处理、保存和容器的洗涤

测定项	容器	样品量/mL	处理方式	保存方法	最长保存时间/h	容器洗涤
pH	P/G	50		现场测定/加 $HgCl_2$	2	Ⅰ
色度						
悬浮物	P/G	1 000		冷藏，暗处保存，最好现场过滤	24	Ⅰ
浊度	P/G	50		冷藏，暗处保存，最好现场测定	24	Ⅰ
溶解氧	G	50～250		加 $MnCl_2$ 和碱性 KI，现场固定	4～6	Ⅰ
化学需氧量	P/G	300	0.45 μm 微孔滤膜过滤*	冷藏，加 H_2SO_4 使 pH < 2，−20℃冷冻	4～6/7 d	Ⅰ
生化需氧量	G	1 000		冷藏		Ⅰ
氨氮	P/G	50	0.45 μm 微孔滤膜过滤	现场测定或−20℃冷冻	4～6/7 d	Ⅱ
硝酸盐氮	P/G	50	0.45 μm 微孔滤膜过滤	现场测定或−20℃冷冻	4～6/7 d	Ⅱ
亚硝酸盐氮	P/G	50	0.45 μm 微孔滤膜过滤	现场测定或−20℃冷冻	4～6/7 d	Ⅱ
活性磷酸盐	P/G	50	0.45 μm 微孔滤膜过滤	现场测定或−20℃冷冻	4～6/7 d	Ⅱ
活性硅酸盐	P	50	0.45 μm 微孔滤膜过滤	现场测定或−20℃冷冻	4～6/7 d	Ⅱ
石油类	G	500～1 000		加 H_2SO_4 使 pH<2，现场萃取后冷藏	48	Ⅲ
粪大肠菌群	G	60		现场测定	2	Ⅰ
总有机碳	G	100	0.45 μm 微孔滤膜过滤	加磷酸 pH<4，冷藏	7 d	Ⅰ
有机氯农药	G	500	现场萃取	或加 H_2SO_4 使 pH<2，冷藏	7 d	Ⅲ
有机磷农药	G	500	现场萃取	或加 H_2SO_4 使 pH<2，冷藏	7 d	Ⅲ
狄氏剂	G	2 000	现场萃取	冷藏	10 d	Ⅲ
多氯联苯	G	2 000	现场萃取	冷藏	7 d	Ⅲ
多环芳烃	A	2 000	现场萃取	冷藏	7 d	Ⅲ
挥发酚	BG	500		加磷酸 pH<4，加 1 g $CuSO_4$	24	Ⅰ
氰化物	G	500		加 NaOH，pH>12	24	Ⅰ
硫化物	G	1 000		加 2 mL 50 g/L ZnAc 和 2 mL 40 g/L NaOH	7 d	Ⅰ
阴离子表面活性剂	G	500		加 H_2SO_4 使 pH<2	48	Ⅲ
重金属	P	500～1 000	0.45 μm 微孔滤膜过滤	加硝酸 pH<2	90 d	Ⅳ
汞	G/BG	100～500	0.45 μm 微孔滤膜过滤*	加 H_2SO_4 使 pH<2	90 d	Ⅳ
砷	P	50～200	0.45 μm 微孔滤膜过滤	加 H_2SO_4 使 pH<2	90 d	Ⅳ

注：(1)P—聚乙烯容器；G—玻璃容器；BG—硼硅玻璃容器；A—琥珀容器。

(2)洗涤方法Ⅰ表示：洗涤剂洗 1 次，自来水 3 次，去离子水 2～3 次；

洗涤方法Ⅱ表示：无磷洗涤剂洗 1 次，自来水 2 次，1+3 盐酸浸泡 24 小时，去离子水清洗；

洗涤方法Ⅲ表示：铬酸洗液洗 1 次，自来水 3 次，去离子水 2～3 次，萃取液 2 次；

洗涤方法Ⅳ表示：洗涤剂洗 1 次，自来水 2 次，1+3 硝酸浸泡 24 小时，去离子水清洗。

* 如测试非过滤态，则不经过滤直接按表中保存方法进行样品处理。

1.3采样记录

及时做好采样记录是水质测定非常重要的环节。以下是现场数据记录的示例，可根据实际情况增减。

<table>
<tr><td colspan="11">现场数据记录</td><td colspan="3">采样人：</td></tr>
<tr><td rowspan="2">样品编号</td><td rowspan="2">采样地点</td><td rowspan="2">采样日期</td><td colspan="2">采样时间</td><td rowspan="2">采样点水深</td><td rowspan="2">采样层次</td><td rowspan="2">温度</td><td rowspan="2">pH</td><td rowspan="2">透明度</td><td rowspan="2">水色</td><td colspan="3">其他参量</td></tr>
<tr><td>开始</td><td>结束</td><td>天气</td><td>气温</td><td>风速</td></tr>
<tr><td></td><td></td><td></td><td></td><td></td><td></td><td></td><td></td><td></td><td></td><td></td><td></td><td></td><td></td></tr>
<tr><td></td><td></td><td></td><td></td><td></td><td></td><td></td><td></td><td></td><td></td><td></td><td></td><td></td><td></td></tr>
<tr><td></td><td></td><td></td><td></td><td></td><td></td><td></td><td></td><td></td><td></td><td></td><td></td><td></td><td></td></tr>
</table>

模块二　水样物理指标的测定及调控

实训一　水温的测定及调控

1.1　目标

(1)学习水温计、深水温度计、颠倒温度计等的使用。

(2)学习用水温计监测水温调控效果。

1.2　实训材料与方法

1.2.1　方法

表层水温表法,颠倒温度表法(GB 17378.4-2007)。

1.2.2　器材

(1)水温计[图 1(a)]:安装于金属半圆槽壳内的水银温度表,下端连接一金属注水杯,温度表水银球部悬于杯中。顶端槽壳带一圆环,拴以一定长度的绳子(有长度标记)。

(2)深水温度计[图 1(b)]。

(3)颠倒温度计[图 1(c)]。

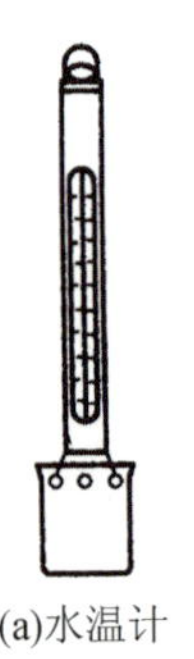

(a)水温计

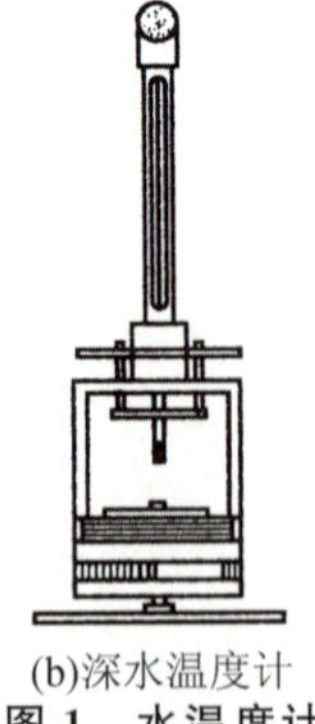

(b)深水温度计

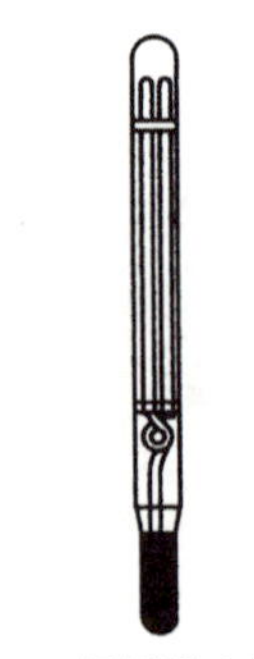

(c)颠倒温度计

图 1　水温度计

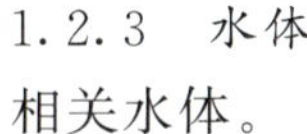

1.2.3 水体

相关水体。

1.3 步骤

1.3.1 水体温度的测量

(1)水温计的使用

插入一定深度的水中,放置 5 min 后,迅速提出水面并读数。特别是当气温与水温相差较大时,应注意立即读数,避免受气温的影响。必要时重复插入水中,二次读数。

(2)深水温度计的使用

放入水中,活门自动开启,到达预定深度后放置 10 min,提升,活门自动关闭,使筒内装满所测温度的水样,读数并记录。

(3)颠倒温度计的使用

将颠倒温度计随颠倒采水器沉入一定深度的水层,放置 10 min 后,使采水器完成颠倒动作,提出水面后立即读数(辅温读至一位小数,主温读至两位小数),并根据主、辅温表的读数,用海洋常数表进行校正。

1.3.2 水温异常的调控

(1)上下层温差大:用增氧机、水泵或者人工搅动上下水层,随时监测水温,至上下水层温差基本消失。

(2)水温过低:覆盖塑料棚,在池中安装加热器等。随时监测水温,至需要的温度。

(3)水温过高:引入较低温的水,加强散热等。随时监测水温,至需要的温度。

1.4 要求及注意事项

1.4.1 水温计使用要求及注意事项

当现场气温高于 35℃或低于−30℃时,水温计在水中的停留时间要适当延长,以达到温度平衡。在冬季的东北地区,读数应在 3 s 内完成,否则水温计表面形成薄冰会影响读数的准确性。

1.4.2 深水温度计使用要求及注意事项

适用于水深 40 m 以内的水温测量,测量范围一般为−2～40℃。

1.4.3 颠倒温度计使用要求及注意事项

用于测量水深在 40 m 以上水体的各层水温,一般需装在颠倒采水器上使用。

1.5 实训记录

	水体 1		水体 2	
深度/m				
搅动前温度/℃				
搅动前温差/℃				
搅动后温度/℃				
搅动后温差/℃				

1.6 考核

1.6.1 过程评价要点及标准

(1)预习实训内容:写出简要的预习报告(包含测定原理、所需试剂和方法步骤)。

(2)操作规范性:以各步骤操作符合化学实验规范为标准。

(3)完整性:以正确完成实训步骤所有内容为标准。

(4)数据记录:数据记录要求准确、规范。

(5)结果计算:计算结果应正确。

1.6.2 终结评价

(1)测量结果:以准确性为评价标准。

(2)实训报告的撰写:以实验过程记录清晰、结果计算完整为标准。

实训报告内容应包含以下部分:

(1)样品来源、采集方式、时间、分析时间、分析者。

(2)样品基本化学性质:pH、温度、色、味、COD、TOC、盐度等。

(3)试剂:包括浓度、配制时间及保存方式。

(4)仪器:型号。

(5)实训步骤:应清晰、简洁描述实验过程,对于主要操作条件明确表述。

(6)数据记录:最好列出表格,应包含单位,精确保留数字位数。

(7)结果计算:包含计算式和计算结果,结果要用清晰的单位。

1.7 思考题

(1)水温为什么一定要在现场测定?

(2)各种水温计需要定期校核吗?

实训二 透明度的测定及调控

2.1　目标

(1)学习水体透明度的测定方法。

(2)学习水体透明度的调控方法。

2.2　实训材料与方法

2.2.1　方法

透明圆盘法(GB 17378.4-2007)。

基本原理:以透明度盘在水中的最大可见深度为透明度。

2.2.2　器材

自制透明度盘(塞氏盘):一块漆成白色或黑白相间的木质、陶瓷或金属圆盘,直径约30 cm。盘下拴铅锤(约5 kg),盘上系绳索,绳索上标有以厘米、分米或米为单位的长度记号,如图1所示。(绳索长度可根据水体透明度而定,一般较清澈的海区取30～50 m。)

(a)透明度盘(塞氏盘)

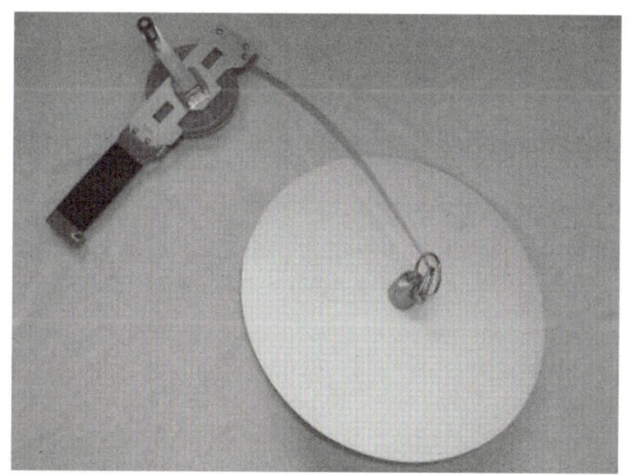

(b)透明度盘(白)

图1　透明度盘

2.2.3　相关水体

如养殖池等。

2.3　步骤

2.3.1　透明度盘的检查

仔细检查绳索是否系牢,绳索上的长度记号是否清晰。

2.3.2　水体透明度的测定

到达指定水体上方(船上、桥上等),在背阳光处,牵牢绳索后将透明度盘慢慢放入水中,沉至肉眼刚刚看不见的深度,再慢慢地提到隐约可见时,读取绳索上的长度记号。重复2～

3次,取平均值即为透明度(单位米或厘米)。

2.3.3　水体透明度的调控

(1)透明度太高:适量换水,施肥,并引入藻相较好的藻液,适量施培藻基。

(2)透明度太低:换水,或用净水的生物制剂、生石灰或碘制剂调节水色,提高透明度。

2.4　要求及注意事项

(1)透明度观测只在白天进行,观测地点应选在背阳光处,观测时应避免船只排出污水的影响。

(2)新绳索使用前需经缩水处理。

(3)透明度盘应保持洁净,每次使用完应冲洗晾干保存。

2.5　实训记录

		透明度/m
水体1	调控前	
	调控后	
水体2	调控前	
	调控后	

2.6　考核

参见实训一。

2.7　思考题

水体透明度对养殖水体有何影响?调控的方法有哪些?

实训三 色度的测定及调控

3.1　目标

(1)学习用铂钴标准比色法和稀释倍数法测定不同水样的色度。

(2)学习水色的调节方法。

3.2　实训材料与方法

3.2.1　方法

铂钴标准比色法(GB/T 5750.4-2006)、稀释倍数法。

铂钴标准比色法的基本原理:用氯铂酸钾和氯化钴配制成与天然水黄色色调相似的标准色列,用于水样目视比色测定。规定 1 mg/L 铂[以$(PtCl_6)^{2-}$形式存在]所具有的颜色为 1 个色度单位,称为 1 度。

3.2.2　器材

成套高型无色具塞比色管,50 mL。玻璃质量和直径均需一致。

3.2.3　试剂

(1)铂钴标准溶液:1.264 g 氯铂酸钾(K_2PtCl_6)和 1.000 g 干燥的氯化钴($CoCl_2 \cdot 6H_2O$)溶于 100 mL 纯水,加入 100 mL 盐酸(ρ_{20}=1.19 g/mL),用纯水定容至 1 000 mL。此标准溶液色度为 500 度。

(2)相关水样。

3.3　步骤

3.3.1　铂钴标准色列的制作

取 50 mL 比色管 11 支,按下表加入铂钴标准溶液,用纯水定容至 50 mL。

管号	1	2	3	4	5	6	7	8	9	10	11
铂钴标准溶液/mL	0	0.50	1.00	1.50	2.00	2.50	3.00	3.50	4.00	4.50	5.00
色度	0	5	10	15	20	25	30	35	40	45	50

该标准色列配制好后用石蜡封口,可长期使用(图 1)。

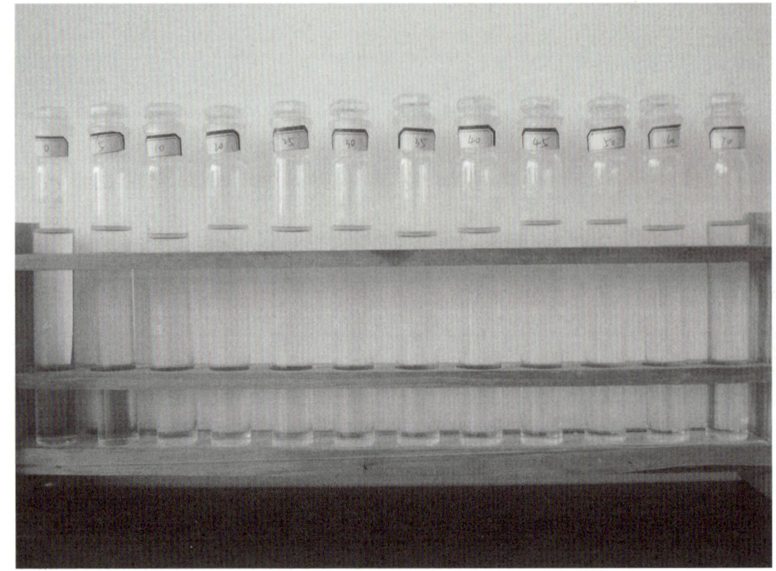

图 1　铂钴标准色列

3.3.2　水样色度的测定——铂钴标准比色法

取 50 mL 水样于比色管中，与标准色列比较。如果水样色度过高，可取一定水样加纯水稀释后比色，结果要乘上稀释倍数。

3.3.3　受工业废水污染的地面水和工业废水颜色的测定——稀释倍数法

除去树叶、枯枝等杂物后，先用文字描述水样颜色的种类和深浅程度，然后取一定量水样，用蒸馏水稀释到刚好看不到颜色，根据稀释倍数表示该水样的色度。

3.3.4　劣质水色的治理

(1)黄色：施培藻基、"活菌素"(商品名)、水产酶等。

(2)靛蓝、蓝绿色：施"溶藻菌"(商品名)与水产酶。

(3)暗绿、灰绿色：施"净水宝"(商品名)24 h 后用活菌素与培藻基全池泼洒。

3.4　要求及注意事项

(1)铂钴标准比色法水样应放置澄清，也可用离心法或用孔径 0.45 μm 滤膜除去悬浮物，但不能用滤纸过滤。

(2)铂钴标准色列为黄色，只适用于较清洁且具有黄色色调的饮用水和天然水的测定。若水样为其他颜色，无法与标准色列比较，则可用适当的文字描述，如淡红色、深绿色等。

3.5　实训记录

3.5.1　铂钴标准比色法测定水样色度

	稀释倍数	色度
水样 1		
水样 2		

3.5.2　稀释倍数法测定水样色度

	文字描述	稀释倍数(色度)
水样 1		
水样 2		

3.6　考核

参见实训一。

可扫码观看教学视频，进行学习：

实训四 嗅和味的测定及调控

4.1 目标

学习用定性描述法测定水样的嗅和味

4.2 实训材料与方法

4.2.1 方法

感官法(GB 17378.4-2007,GB/T 5750.4-2006)。

4.2.2 器材与试剂

锥形瓶,250 mL;电炉;相关水样。

4.3 步骤

4.3.1 定性描述法——冷法

取 100 mL 水样于 250 mL 锥形瓶中,调节水温至 20℃左右,振荡后从瓶口闻其气味,用适当的文字描述,按表 1 记录强度。

同时,取少量水样放入口中(只适用于对人体健康无害的水样),不要咽下,品尝水的味道,予以描述,按表 1 记录强度。

4.3.2 定性描述法——热法

取 100 mL 水样于 250 mL 锥形瓶中,瓶口上盖一表面皿,在电炉上加热至沸腾,取下锥形瓶,稍冷后闻其气味,用适当的文字描述,按表 1 记录强度。

表 1 嗅和味的强度等级

等级	强度	说明
0	无	无任何嗅和味
1	微弱	一般饮用者难以察觉,嗅、味觉敏感者可以察觉
2	弱	一般饮用者刚能察觉,嗅、味觉敏感者已能明显察觉
3	明显	已能明显察觉,不加处理不能饮用
4	强	有很明显的臭味
5	很强	有强烈的恶臭或异味

注:必要时可用活性炭处理过的纯水作为无臭对照水。

4.4 要求及注意事项

尝味法只适用于对人体健康无害的水样。

4.5　实训记录

水样	方法	等级	强度
水样 1	冷法		
	热法		
水样 2	冷法		
	热法		
水样 3	冷法		
	热法		

4.6　考核

参见实训一。

4.7　思考题

无色无臭的水就是无害的吗?

实训五 盐度、密度的测定及调控

5.1 目标

(1)学习用盐度计、密度计测定水体的盐度和密度。
(2)学习盐度的调控方法。

5.2 实训材料与方法

5.2.1 方法

盐度计法(GB 17378.4-2007)。

5.2.2 试剂

蒸馏水、相关水样。

5.2.3 器材

RHS-28 型盐度计(图 1)、密度计(图 2)。

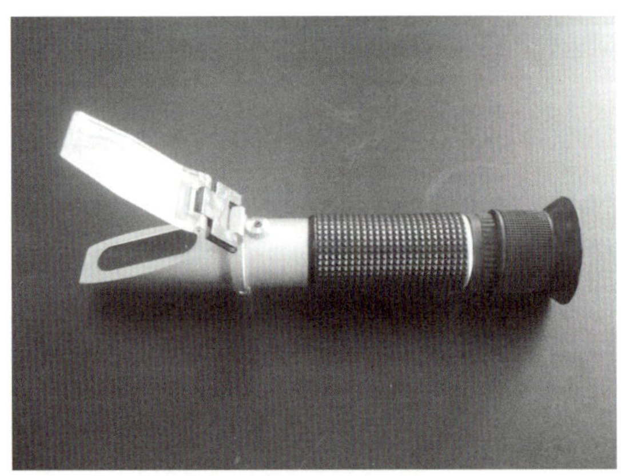
图 1 RHS-28 型盐度计

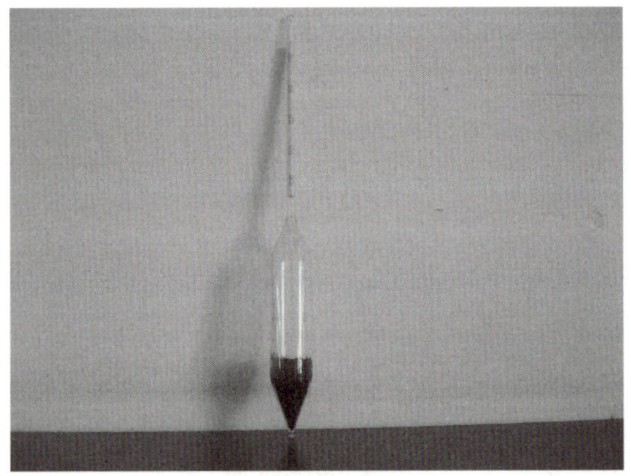
图 2 密度计

5.3 步骤

5.3.1 盐度计的调零

用蒸馏水冲洗镜面及镜盖,在镜面上滴几滴蒸馏水,盖上镜盖(不能留有气泡),从目镜中观察,用小螺丝刀旋镜盖上的螺母至目镜视野中蓝白分界线与零刻度线一致。

5.3.2 盐度的测定

用待测水样冲洗镜面和镜盖 3 次,在镜面上滴几滴待测水样,盖上镜盖(不能留有气泡),从目镜中读取蓝白分界线在刻度线上的读数,单位为%;读数×10 后单位为‰。

5.3.3 密度的测定

使密度计悬浮于待测水样中,待密度计静止后直接读取水面与密度计相切处的读数。

5.3.4　盐度和密度的调控

(1)盐度过高的调控:引淡排咸,施有机肥等,并与改造底质同步进行。

(2)盐度过低的调控:排出盐度低的水,引入盐度高的水。

5.4　要求及注意事项

盐度计每次使用前均应调零。

5.5　实训记录

		盐度/‰	密度/(g/mL)
水样 1	调控前		
	调控后		
水样 2	调控前		
	调控后		

5.6　考核

参见实训一。

5.7　思考题

盐度与密度相关吗?

可扫码观看教学视频,进行学习:

实训六 浊度的测定及调控

6.1 目标

(1)学习用浊度仪测定水体的浊度。

(2)学习浊度的调节方法。

6.2 实训材料与方法

6.2.1 方法

浊度计法(GB 17378.4-2007)。

基本原理:以一定光束照射水样,其透射光的强度与无浊纯水透射光的强度相比较而定值。

6.2.2 器材

HI 98703 型浊度测定仪(图 1)。

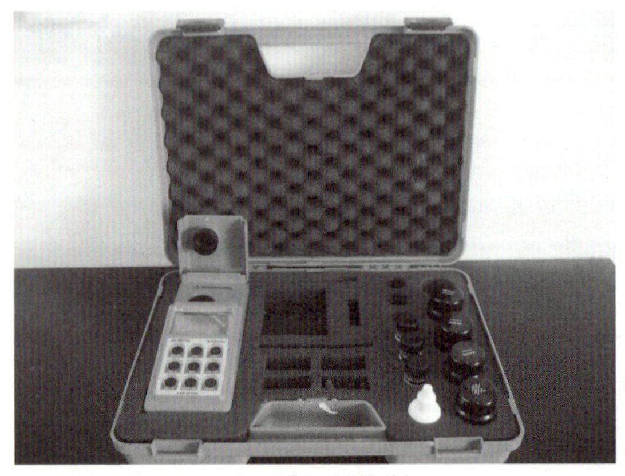
(a)浊度测定仪

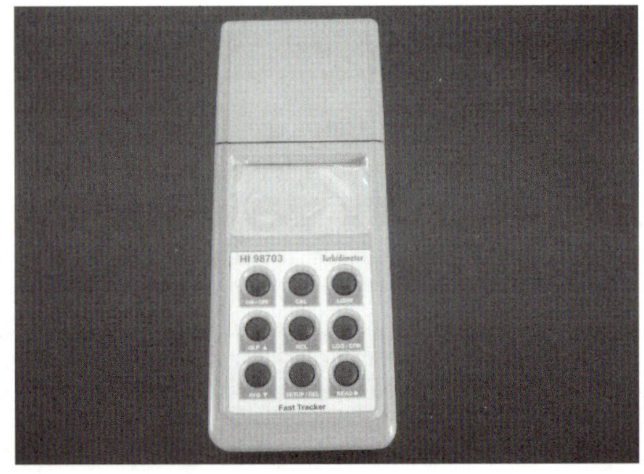

(b)面板

图 1 HI 98703 型浊度测定仪

6.2.3 试剂

相关水样。

6.3 步骤

6.3.1 浊度仪校准

(1)按 ON/OFF 键开机,选择浊度测量模式;按 CAL 键,进入校准。

(2)将第一点校准液放入测量池,使比色皿的定位标识与仪器上的标识相对应,盖上测量池保护盖。

(3)按 READ 键,仪器进行第一点校准;第一点校准完毕后显示第二校准点,依次完成

第三、第四点校准。

(4)四点校准完毕,仪器自动返回测量状态。

6.3.2　浊度的测量

(1)在干净比色皿中倒入 10 mL 水样至刻度线,盖上盖,用无绒布将外表面擦拭干净。

(2)将比色皿放入测量池,使比色皿的定位标识与仪器上的标识相对应,盖上测量池保护盖。

(3)按 READ 键进行读数,单位为 NTU。

6.3.3　浊度过高的调控

加入絮凝剂。

6.4　要求及注意事项

(1)比色皿使用过程中要细心维护,避免各种划痕或裂痕。

(2)比色皿外壁的处理:在洁净的比色皿外壁上滴上标配的硅油,用无绒布擦拭均匀直至形成薄薄一层,比色皿表面接近干燥,没有明显油迹。

(3)手尽量持比色皿的颈部(白色刻度线以上)。

6.5　实训记录

	水样 1		水样 2	
	调控前	调控后	调控前	调控后
浊度/NTU				

6.6　考核

参见实训一。

可扫码观看教学视频,进行学习:

实训七 悬浮物质(SS)的测定及调控

7.1 目标

(1)学习水中悬浮物质测定的方法。

(2)学习水中悬浮物质的去除方法。

7.2 实训材料与方法

7.2.1 方法

重量法(GB 17378.4-2007)。

基本原理:一定体积的水样通过 0.45 μm 的微孔滤膜,称量留在滤膜上的悬浮物质的重量,计算水中的悬浮物质浓度。

7.2.2 器材

孔径 0.45 μm 的微孔滤膜,过滤器及抽滤装置(图 1),电热鼓风干燥箱(图 2),分析天平(图 3)。

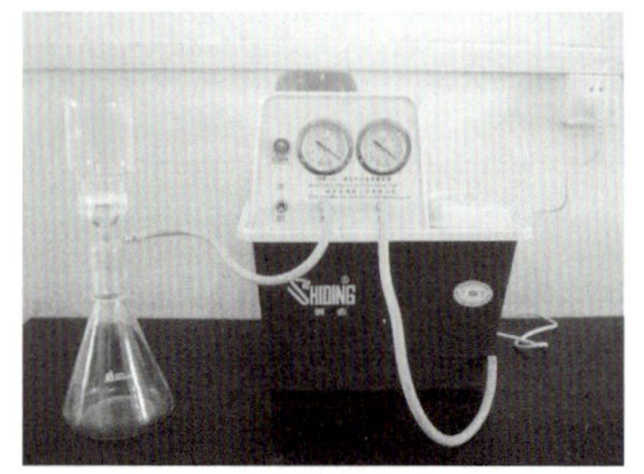

图 1 过滤器及抽滤装置

图 2 电热鼓风干燥箱

图 3 分析天平

7.2.3 试剂

相关水样。

7.3 步骤

7.3.1 悬浮物质的测定(操作流程见图 4)

(1)水样滤膜和空白校正膜均于 40~50℃烘干至恒重,称量,分别记为 W_1 和 W_{01},单位 mg。

(2)烘干的水样滤膜置于空白校正膜的上面放入过滤器,量取一定体积(V)摇匀的水样(体积视悬浮物的浓度而定,大于 1 000 mg/L 者取 50~100 mL,小于 100 mg/L 者取 1~5 L),单位 L。

(3)开启真空泵,将水样倒入过滤器,量筒用蒸馏水洗净,也倒入过滤器,抽干。

(4)取出滤膜,于 40~50℃烘干至恒重,称量,水样滤膜和空白校正膜分别记为 W_2 和 W_{02}。

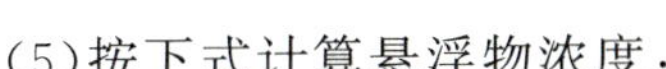

(5)按下式计算悬浮物浓度：

$$\rho(SS)=\frac{W_2-W_1+(W_{01}-W_{02})}{V}$$

式中，$\rho(SS)$—水样中悬浮物的含量，mg/L；

W_1—水样滤膜恒重后的重量，mg；

W_2—滤完水样的滤膜恒重后的重量，mg；

W_{01}—空白校正膜恒重后的重量，mg；

W_{02}—滤完水样的空白校正膜恒重后的重量，mg；

V—水样的体积，L。

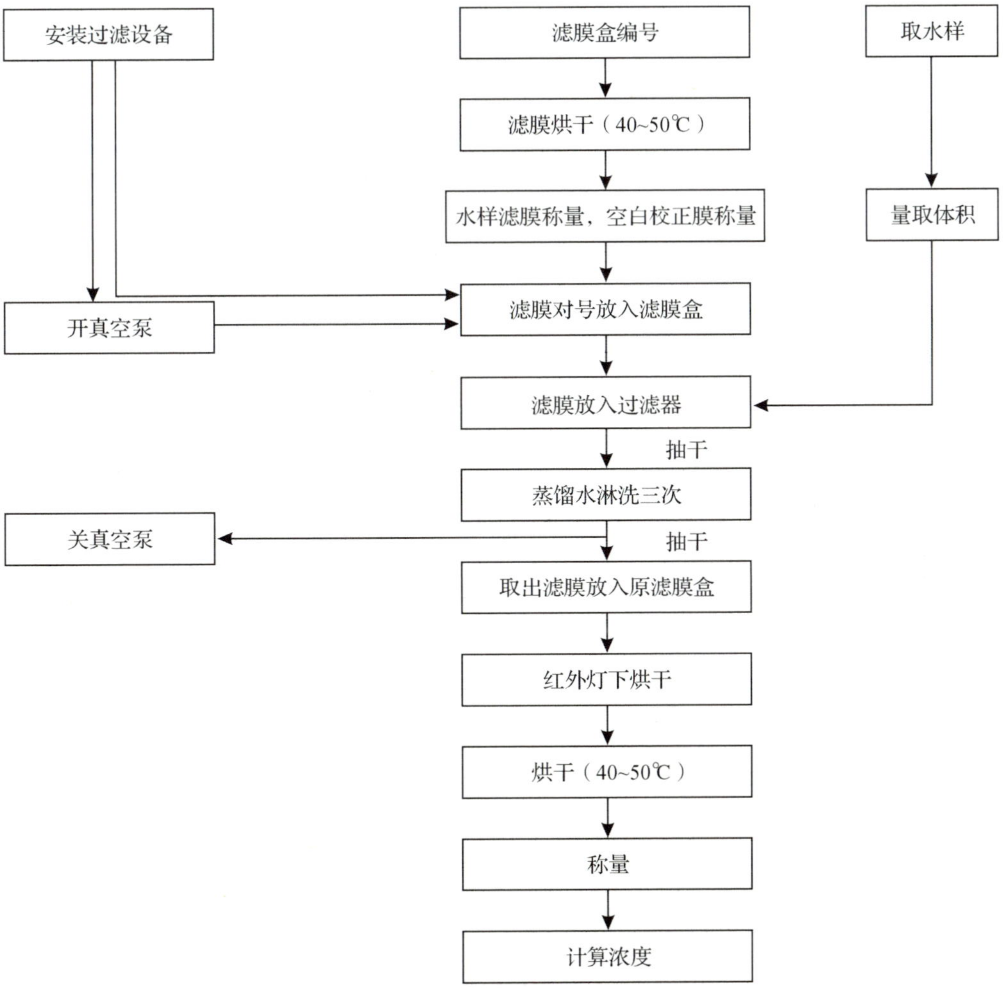

安装过滤设备

滤膜盒编号

取水样

滤膜烘干（40~50℃）

水样滤膜称量，空白校正膜称量

量取体积

开真空泵

滤膜对号放入滤膜盒

滤膜放入过滤器

抽干

蒸馏水淋洗三次

关真空泵

抽干

取出滤膜放入原滤膜盒

红外灯下烘干

烘干（40~50℃）

称量

计算浓度

图 4　悬浮物测定操作流程

7.3.2　悬浮物质的去除

视不同水体采取砂滤、沉淀等方法。

7.4 要求及注意事项

(1)烘干的滤膜应放在硅胶干燥器中冷却至室温再称量。

(2)滤膜应反复烘干至恒重。

7.5 实训记录

	W_1/mg	W_2/mg	W_{01}/mg	W_{02}/mg	V/L	ρ(SS)/(mg/L)
原水样						
过滤后						

7.6 考核

参见实训一。

7.7 思考题

悬浮物质含量过高对养殖生物有何危害?

模块三　水样化学指标的测定及调控

实训八 pH 值的测定及调控

8.1　目标

(1)学习用酸度计(pH 计)测定水体 pH 值。

(2)学习水体 pH 值的调控方法。

8.2　实训材料与方法

8.2.1　方法

pH 计法(GB 17378.4-2007,GB/T 5750.4-2006)。

8.2.2　器材

PHS-3C 酸度计(图 1)。

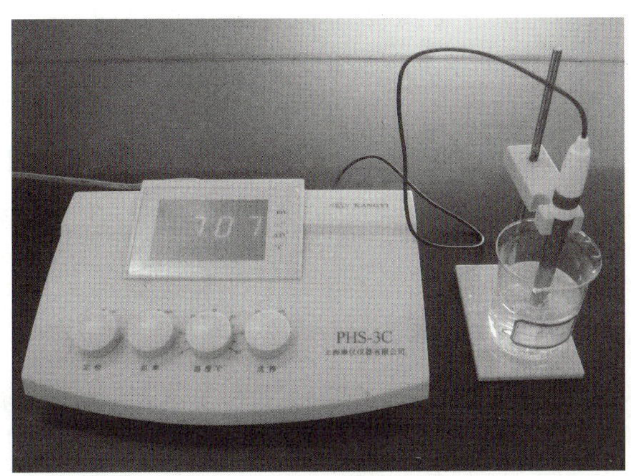

图 1　PHS-3C 酸度计

8.2.3　试剂

标准缓冲溶液、蒸馏水、相关水样。

8.3　步骤

8.3.1　标准缓冲溶液的配制

取市售袋装标准缓冲物质，按袋上说明用新煮沸放冷的蒸馏水配成所需浓度，保存于聚乙烯瓶或硬质玻璃瓶中。各缓冲溶液的 pH 值随温度变化而变化，在 0～45℃其 pH 值见表 1。

表 1　0～45℃标准缓冲物质的 pH 值

温度(℃)	邻苯二甲酸氢钾	混合磷酸盐	硼砂
0	4.006	6.981	9.458
5	3.999	6.949	9.391
10	3.996	6.921	9.330
20	3.998	6.879	9.226
25	4.003	6.864	9.182
30	4.010	6.852	9.142
35	4.019	6.844	9.105
40	4.029	6.838	9.072
45	4.042	6.834	9.042

8.3.2　pH 的测定

(1)将复合电极的接头连接在酸度计相应位置，功能开关置于“pH”挡。

(2)开启仪器电源开关，预热 20～30 min。

(3)仪器校正

①测量标准溶液的温度，由表 1 查得该温度下标准缓冲溶液的 pH。

②将仪器的“温度补偿”旋钮指向标准溶液的温度。

③将电极插入 pH＝6.86 标准缓冲溶液中，平衡一段时间，待读数稳定后，调节定位调节器，使仪器显示该温度下标准缓冲溶液的 pH(例如，20℃时为 6.88)。

④用纯水冲洗电极，用滤纸把悬挂在电极上的水珠吸干，然后插入 pH＝9.18(或 4.01)的标准缓冲溶液中(根据待测水样的 pH 而定，待测水样的 pH 为酸性时选 4.01，为碱性时选 9.18)，待读数稳定后，调节斜率调节器，使仪器显示该温度下标准缓冲溶液的 pH(例如，20℃时为 9.23 或 4.00)。

(4)水样的测定

①测量水样的温度，调整“温度补偿”旋钮至水温。

②用纯水冲洗电极，用滤纸把悬挂在电极上的水珠吸干(或用少量水样涮洗电极)。

③将电极插入水样中，待读数稳定后仪器显示的读数就是水样的 pH。

8.3.3　pH 的调控

(1)pH 过高(水体偏碱)：加入适量醋酸、加注中性水等。

(2)pH 过低(水体偏酸)：加入生石灰等。

8.4　要求及注意事项

(1)仪器校正以后，不能再旋动“定位”、“斜率”旋钮，否则必须重新校正。

(2)仪器使用 2～3 h 后，或者温度变化超过 2℃时需重新定位。

(3)电极使用过后，应用纯水冲洗干净，并用滤纸吸干，放入电极保护套中，电极玻璃珠要浸没在保护液中。

(4)水样采集后应在 6 h 内测定。如果加入 1 滴 25 g/L 的氯化汞($HgCl_2$)溶液，盖好瓶盖，允许保存 2 d。

8.5　实训记录

	水样 1			水样 2		
	原水样	加醋酸	加生石灰	原水样	加醋酸	加生石灰
pH						

8.6　考核

参见实训一。

8.7　思考题

天然水的 pH 值一般在什么范围?

实训九 碱度的测定

9.1 目标

学习用酸碱滴定法测定水的碱度。

9.2 实训材料与方法

9.2.1 方法

酸碱滴定法(GB/T)。

基本原理:先以酚酞为指示剂,用 HCl 标准溶液滴定至终点(红色变为无色),用量为 P(mL);再以甲基橙为指示剂,继续用相同浓度的 HCl 溶液滴定至溶液由橘黄色变为橘红色,用量为 M(mL)。根据 HCl 标准溶液的浓度和用量,计算出水的碱度。

$P>M$:说明有 OH^- 和 CO_3^{2-} 碱度;

$P<M$:说明有 CO_3^{2-} 和 HCO_3^- 碱度;

$P=M$:说明只有 CO_3^{2-} 碱度;

$P>0$,$M=0$:说明只有 OH^- 碱度;

$P=0$,$M>0$:说明只有 HCO_3^- 碱度。

碱度的组成,也可以表示如下($T=P+M$):

滴定的结果	氢氧化物(OH^-)	碳酸盐(CO_3^{2-})	重碳酸盐(HCO_3^-)
$P=T$	P	0	0
$P>1/2T$	$2P-T$	$2P-T$	0
$P=1/2T$	0	$2P$	0
$P<1/2T$	0	$2P$	$T-2P$
$P=0$	0	0	T

9.2.2 仪器

25 mL 酸式滴定管,250 mL 锥形瓶,25 mL、100 mL 移液管等。

9.2.3 试剂

(1)HCl 标准溶液(0.025 0 mol/L):用分度吸管吸取 2.1 mL 浓盐酸($n=1.19$ g/mL),并用蒸馏水稀释至 1000 mL,此溶液浓度约 0.025 mol/L。临用前标定准确浓度。

(2)碳酸钠标准溶液($1/2Na_2CO_3=0.0250$ mol/L)。称取 1.324 9 g(于 250 ℃ 烘干 4 h)的无水碳酸钠(Na_2CO_3),溶于少量无二氧化碳水中,移入 1 000 mL 容量瓶中,用水稀释至标线,摇匀,贮于聚乙烯瓶中。保存时间不要超过一周。

(3)酚酞指示剂:称取 1 g 酚酞溶于 100 mL 95%乙醇中。

(4)甲基橙指示剂(0.1%):称取 0.1 g 甲基橙溶于 100 mL 蒸馏水中。

(5)无 CO_2 蒸馏水：蒸馏水或去离子水煮沸 15 min，冷却至室温。pH 应大于 6.0，电导率小于 2 μS/cm。贮存在带有碱石灰管的用橡皮塞盖严的瓶中。所有试剂均用无 CO_2 蒸馏水配制。

9.3　步骤

9.3.1　HCl 标准溶液的标定

(1)用移液管吸取 25.00 mL 碳酸钠标准溶液于 250 mL 锥形瓶中，加无 CO_2 蒸馏水稀释至约 100 mL，加入 3 滴甲基橙指示液，用 HCl 标准溶液滴定至由橘黄色刚变成橘红色，记录 HCl 标准溶液用量 V_0。

(2)按下式计算其准确浓度：

$$c(\text{mol/L})=\frac{25.00\times 0.0250}{V_0}$$

式中：C——HCl 标准溶液的浓度，mol/L；

V_0——标定时消耗的 HCl 的量，mL。

9.3.2　水溶液碱度的测定

(1)用移液管吸取水样 100 mL 放入锥形瓶，加入 4 滴酚酞指示剂，摇匀。

(2)若溶液呈红色，用 HCl 溶液滴定至刚好无色，记录用量 P(mL)；若加酚酞指示剂后溶液无色，则 $P=0$，不需滴定，直接进入下一步操作。

(3)锥形瓶中加入 3 滴甲基橙指示剂，混匀。

(4)若溶液变为橘黄色，继续用 HCl 溶液滴定至刚刚变为橘红色，记录用量 M(mL)；若加入甲基橙指示剂后溶液为橘红色，则 $M=0$，不需滴定。

9.3.2　结果与计算

$$\text{总碱度(以 CaO 计,mg/L)}=\frac{c(P+M)\times 28.04}{V}\times 1\,000$$

$$\text{总碱度(以 CaCO}_3\text{ 计,mg/L)}=\frac{c(P+M)\times 50.05}{V}\times 1\,000$$

式中：c——HCl 标准溶液的浓度，mol/L；

P——酚酞为指示剂滴定终点时消耗的 HCl 的量，mL；

M——甲基橙为指示剂滴定终点时消耗的 HCl 的量，mL；

V——水样体积，mL；

28.04——CaO 的摩尔质量，1/2 CaO，g/mol；

50.05——$CaCO_3$ 的摩尔质量，1/2 $CaCO_3$，g/mol。

9.4　要求及注意事项

(1)水样浑浊、有色均干扰测定，遇此情况，可用电位滴定法。

(2)能使指示剂褪色的氧化、还原性物质也干扰测定，如余氯(含余氯时可加入 1～2 滴 0.1 mol/L 硫代硫酸钠溶液消除)。

(3)当水样总碱度小于 20 mg/L 时，可改用 0.01 mol/L 的 HCl 溶液滴定。

9.5 实训记录

9.5.1 标定记录及结果

标定次数	1	2
滴定起始读数/mL		
滴定终点读数/mL		
标定消耗的 HCl 体积/mL		
V_0/mL		
HCl 的准确浓度/(mol/L)		

9.5.2 碱度测定记录及结果计算

<table>
<tr><th colspan="2">锥形瓶编号</th><th>1</th><th>2</th><th>碱度</th><th>总碱度</th></tr>
<tr><td rowspan="4">酚酞指示剂</td><td>滴定管终读数/mL</td><td></td><td></td><td rowspan="4"></td><td rowspan="8"></td></tr>
<tr><td>滴定管始读数/mL</td><td></td><td></td></tr>
<tr><td>P/mL</td><td></td><td></td></tr>
<tr><td>平均值</td><td colspan="2"></td></tr>
<tr><td rowspan="4">甲基橙指示剂</td><td>滴定管终读数/mL</td><td></td><td></td><td rowspan="4"></td></tr>
<tr><td>滴定管始读数/mL</td><td></td><td></td></tr>
<tr><td>M/mL</td><td></td><td></td></tr>
<tr><td>平均值</td><td colspan="2"></td></tr>
</table>

9.6 考核

参见实训一。

9.7 思考题

可以直接用甲基橙为指示剂来滴定吗？其结果代表哪种碱度？

实训十 氯离子的测定及调控

10.1 目标

(1)学习用银量滴定法测定水体中氯离子的浓度。

(2)学习水体中氯离子浓度的调节方法。

10.2 实训材料与方法

10.2.1 方法

银量滴定法(GB 17378.4-2007)。

基本原理:在酸性或弱碱性溶液中,氯化物与硝酸银反应生成难溶的氯化银沉淀,以铬酸钾指示终点。当氯全量生成氯化银时,过量的银生成红色的铬酸盐。

$$Ag^{+}+Cl^{-}\rightarrow AgCl\downarrow(\text{白色})$$

$$2Ag^{+}+CrO_4^{2-}\rightarrow Ag_2CrO_4\downarrow(\text{砖红色})$$

10.2.2 仪器

250 mL 锥形瓶,25 mL 棕色滴定管,20 mL 刻度移液管,量筒等。

10.2.3 试剂

(1)铬酸钾指示液(50 g/L):称取 5 g 铬酸钾(K_2CrO_4)溶于少量水中,滴加硝酸盐标准溶液至生成红色不褪为止,静置 24 h 后过滤,滤液用纯水稀释至 100 mL。

(2)氯化钠标准溶液[$c(NaCl)=0.014\ 1$ mol/L,$\rho(Cl^{-})=0.500$ mg/mL]:称取 824.0 mg 氯化钠(优纯级,经 140℃干燥)置于烧杯中,用少量纯水溶解后全量转入 1 000 mL 容量瓶,加水至标线。

(3)硝酸盐标准滴定液[$c(AgNO_3)=0.014\ 1$ mol/L]:称取 2.395 g 硝酸银溶于水中,并稀释至 1 000 mL,贮于棕色试剂瓶内。用氯化钠标准溶液[$c(NaCl)=0.014\ 1$ mol/L,$\rho(Cl^{-})=0.500$ mg/mL]标定。

10.3 步骤

10.3.1 硝酸银标准滴定液的标定

准确移取 20.00 mL 氯化钠标准溶液至 250 mL 锥形瓶中,加 30 mL 水和 1 mL 铬酸钾指示液,用硝酸银标准液滴定至出现稳定的淡砖红色沉淀,记录用去的硝酸银体积 V(单位 mL)。

另一锥形瓶装 50 mL 纯水,按上述步骤滴定,记录消耗的硝酸银体积 V_0(单位 mL)。按下式计算硝酸银标准滴定液的浓度:

$$c(AgNO_3)=\frac{c(NaCl)\times 20.00}{V-V_0}$$

式中,$c(AgNO_3)$—硝酸银标准滴定液的浓度,mol/L;

$c(NaCl)$—氯化钠标准溶液的浓度,mol/L;

20.00—移取的氯化钠标准溶液的体积，mL；

V—滴定 20.00 mL 氯化钠标准溶液消耗的硝酸银体积，mL；

V_0—滴定 50.00 mL 纯水消耗的硝酸银体积，mL。

10.3.2 水样中氯离子浓度的测定

准确移取 50.00 mL 水样(或一定量的水样稀释至 50.00 mL)于锥形瓶中，水样体积记为 $V_{水样}$；加 1.0 mL 铬酸钾指示液，用硝酸银标准滴定液滴定至溶液出现稳定的淡砖红色为终点，记录消耗的体积 V_1；同一水样再平行测定一次，消耗硝酸银标准滴定液 V_2。V_1 与 V_2 的平均值记为 $V_{平均}$。

10.3.3 水样中氯离子浓度的计算

$$\rho(Cl^-)=\frac{(V_{平均}-V_0)\times c(AgNO_3)}{V_{水样}}\times 35.45\times 1\ 000$$

式中，$\rho(Cl^-)$—氯离子浓度，mg/L；

$V_{平均}$—平行滴定两份水样时消耗硝酸银的体积的平均值，mL；

V_0—滴定纯水消耗的硝酸银体积，mL；

$c(AgNO_3)$—硝酸银标准滴定液的浓度，mol/L；

$V_{水样}$—量取的水样体积，mL。

10.3.4 氯离子浓度的调控

(1)氯离子浓度过高：换入低浓度的海水或淡水。

(2)氯离子浓度过低：加入氯化钠。

10.4 要求及注意事项

(1)pH 7～10 范围的水样可直接滴定，若水样 pH 不在此范围，需先用硫酸或氢氧化钠调节至 pH 7～10。

(2)辨别终点时要保持终点一致。

(3)硝酸银标准滴定液每隔 48 h 应重新标定一次。

10.5 实训记录

10.5.1 硝酸银标准滴定液的标定

	V/mL	V_0/mL	$c(AgNO_3)$/(mol/L)
标定记录及计算			

10.5.2 水样中氯离子浓度的测定

	V/mL	$V_{平均}$/mL	$V_{水样}$/mL	$\rho(Cl^-)$/(mg/L)
测定 1				
测定 2				

10.6 考核

参见实训一。

10.7　思考题

(1)Cl^- 在天然水中含量如何？

(2)如何测定建筑用沙中的 Cl^- 含量？

实训十一 水中余氯的测定

11.1 目标

学习用 DPD 分光光度法测定水中的余氯。

11.2 实训材料与方法

11.2.1 方法

N,N-二乙基对苯二胺(DPD)分光光度法(GB/T 5750.11-2006)。

基本原理:DPD 与水中游离余氯可迅速反应使溶液呈红色,该红色在 515 nm 有最大吸收,其吸光值与余氯含量成正比。高锰酸钾溶液可作为此法的标准系列。

11.2.2 仪器

722 分光光度计,25 mL 具塞比色管。

11.2.3 试剂

(1)余氯标准贮备液[$\rho(Cl_2)$=1 000 μg/mL]:称取 0.891 0 g 优级纯高锰酸钾($KMnO_4$),用纯水溶解并稀释至1 000 mL。

(2)余氯标准使用液[$\rho(Cl_2)$=1.000 μg/mL]:吸取 10.0 mL 余氯标准贮备液,加纯水稀释至 100 mL,混匀后取 1.00 mL 再稀释至 100 mL。

(3)N,N-二乙基对苯二胺(DPD)溶液(1 g/L):称取 1.0 g 盐酸 N,N-二乙基对苯二胺[$H_2N \cdot C_6H_4 \cdot N(C_2H_5)_2 \cdot 2HCl$]或 1.5 g 硫酸 N,N-二乙基对苯二胺[$H_2N \cdot C_6H_4 \cdot N(C_2H_5)_2 \cdot H_2SO_4 \cdot 5H_2O$],溶解于含 8 mL 硫酸溶液(1+3)和 0.2 g Na_2-EDTA 的无氯纯水中,并稀释至1 000 mL。贮存于棕色瓶中,在冷暗处保存。

(4)磷酸盐缓冲溶液(pH 6.5):称取 24 g 无水磷酸氢二钠(Na_2HPO_4)、46 g 无水磷酸二氢钾(KH_2PO_4)、0.8 g 乙二胺四乙酸二钠(Na_2-EDTA)和 0.02 g 氯化汞($HgCl_2$),依次溶解于纯水中稀释至1 000 mL。

11.3 步骤

11.3.1 测定

(1)取 8 支 25 mL 具塞比色管,编号。0~5 号管按下表加入余氯标准使用液,加纯水至标线,混匀。6~7 号管加入待测水样。

(2)每支比色管中分别加入 1.0 mL 磷酸盐缓冲溶液和 1.0 mL DPD 溶液,混匀,在 515 nm 波长处,用 10 mm 比色皿,以纯水作参比,测定吸光度 A_i。

管号	0	1	2	3	4	5	6	7
使用液体积/mL	0	0.25	1.00	5.00	10.00	20.00	$V_{样}$	$V_{样}$
$\rho(Cl_2)$/(mg/L)	0	0.010	0.040	0.200	0.400	0.800		
缓冲液/mL	1.0,混匀							
DPD 溶液/mL	1.0,混匀							
A_i(515 nm)								
$A'=A_i-A_0$	0							

11.3.2　结果与计算

(1)以 A' 为纵坐标、$\rho(Cl_2)$ 为横坐标，在方格坐标纸上绘制一条过原点的标准曲线，并根据水样的 A' 值在图上读出相应的 $\rho(Cl_2)$，单位 mg/L。

(2)用 Excel 软件在计算机上作一条以 A'(0～5)为纵坐标、$\rho(Cl_2)$ 为横坐标并且过原点的标准曲线。要求 $R^2 \geqslant 0.998\ 0$。计算水样的 $\rho(Cl_2)$。

11.4　要求及注意事项

(1)本方法最低检测浓度为 0.01 mg/L。

(2)用含氯水配制标准溶液，步骤繁琐且不稳定。经试验，标准溶液中高锰酸钾量与 DPD 和所标示的余氯生成的红色相似。

(3)DPD 溶液不稳定，一次配制不宜过多，储存中如溶液颜色变深或褪色，应重新配制。

(4)$HgCl_2$ 可防止霉菌生长，并可消除试剂中微量碘化物对游离余氯测定造成的干扰。$HgCl_2$ 剧毒，使用时切勿入口和接触皮肤及手指。

11.5　实训记录

11.5.1　在方格纸上读出的 $\rho(Cl_2)$ 值

	$\rho(Cl_2)$/(mg/L)	$\rho(Cl_2)$ 平均值/(mg/L)	两平行管的相对差/%
水样管 1(6 号)			
水样管 2(7 号)			

11.5.2　用 Excel 软件处理标准曲线并计算的结果

	$\rho(Cl_2)$/(mg/L)	$\rho(Cl_2)$ 平均值/(mg/L)	两平行管的相对差/%	R^2
水样管 1(6 号)				
水样管 2(7 号)				

11.6　考核

参见实训一。

11.7　思考题

本方法中的标准溶液为什么不用含氯溶液配制而用高锰酸钾配制？

实训十二 总硬度的测定及调控

12.1 目标

(1)学习用 EDTA 络合滴定法测定水体总硬度。

(2)学习水体硬度的调控方法。

12.2 实训材料与方法

12.2.1 方法

乙二胺四乙酸二钠(Na_2EDTA)滴定法(GB/T 5750.4-2006)。

基本原理:水样中的钙、镁离子与铬黑 T 指示剂形成紫红色螯合物,这些螯合物的不稳定常数大于乙二胺四乙酸钙和镁螯合物的不稳定常数。当 pH=10 时,Na_2EDTA 先与钙离子,再与镁离子形成螯合物,滴定至终点时,溶液呈现出铬黑 T 指示剂的纯蓝色。

12.2.2 仪器

25 mL 酸式滴定管,250 mL 锥形瓶,刻度移液管。

12.2.3 试剂

(1)EDTA 二钠溶液[c(1/2EDTA)=0.1 mol/L]:称取 3.72 g 乙二胺四乙酸二钠($Na_2C_{10}H_{14}N_2O_8 \cdot 2H_2O$),用纯水溶解并稀释定容至 200 mL,贮于聚乙烯瓶中。

(2)EDTA 二钠溶液标准溶液[c(1/2EDTA)=0.02 mol/L]:移取 0.1 mol/L 的 EDTA 二钠溶液 100 mL 稀释至 500 mL,浓度需精确标定。(用一级试剂精确配制的 EDTA 二钠标准溶液可不标定,直接计算准确浓度。)

(3)氨性缓冲溶液

① NH_3-NH_4Cl 缓冲溶液:称取 16.9 g 分析纯 NH_4Cl 固体溶于 143 mL 浓氨水中。

② Mg-EDTA 溶液:称取 0.644 g $MgCl_2 \cdot 6H_2O$(或 0.780 g $MgSO_4 \cdot 7H_2O$)溶解并定容至 50 mL。移取该溶液 25 mL 于锥形瓶,加 1 mL NH_3-NH_4Cl 溶液、少许铬黑 T 指示剂,用 0.1 mol/L 的 EDTA 二钠溶液滴定至溶液由酒红色变为纯蓝色为滴定终点,记录用量(a mL)。再按此比例取相应体积(a mL)的 EDTA 二钠溶液于容量瓶中与剩余的 $MgCl_2$ 溶液(25 mL)混合,即成 Mg-EDTA 溶液。

③ 将①和②混合,用纯水定容至 250 mL,即得含 Mg-EDTA 盐的氨性缓冲溶液。此溶液 pH≈10。

(4)铬黑 T 指示剂:0.5 g 铬黑 T 固体与 100 g NaCl 固体共同研磨成干粉混合物,贮于棕色试剂瓶中(可长期保存)。

12.3 步骤

(1)准确移取 50.0 mL($V_{水样}$)水样(硬度过高的水样可取适量用纯水稀释至 50.0 mL,硬度过低可取 100 mL)于锥形瓶中。

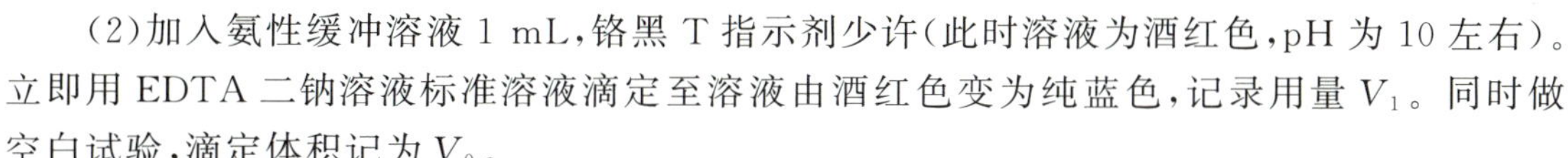

(2)加入氨性缓冲溶液 1 mL,铬黑 T 指示剂少许(此时溶液为酒红色,pH 为 10 左右)。立即用 EDTA 二钠溶液标准溶液滴定至溶液由酒红色变为纯蓝色,记录用量 V_1。同时做空白试验,滴定体积记为 V_0。

(3)总硬度的计算

$$\rho(CaCO_3)=\frac{(V_1-V_0)\times c\times 100.09\times 1000}{V_{水样}}$$

式中,$\rho(CaCO_3)$—总硬度(以 $CaCO_3$ 计),mg/L;

V_0—空白滴定消耗的 Na_2EDTA 体积,mL;

V_1—水样滴定消耗的 Na_2EDTA 体积,mL;

c—Na_2EDTA 标准溶液的浓度,mol/L;

$V_{水样}$—水样体积,mL;

100.09—与 1.00 mL Na_2EDTA 标准溶液[$c(Na_2EDTA)=1.000$ mol/L]相当的以毫克表示的总硬度(以 $CaCO_3$ 计)。

(4)硬度的调控

①硬度过高:加注低硬度水。

②硬度过低:施生石灰、过磷酸钙。

12.4　要求及注意事项

(1)铬黑 T 的加入量以水样呈现明显的酒红色为好,过多或过少,终点均不易判断。

(2)加入铬黑 T 后应迅速开始滴定,开始时滴定速度可较快,接近终点时速度要慢并充分振摇。

12.5　实训记录

	V_1/mL	V_0/mL	$\rho(CaCO_3)$/(mg/L)
原水样			
施生石灰后			
施过磷酸钙后			
加注低硬度水后			

12.6　考核

参见实训一。

12.7　思考题

(1)硬度还有其他单位吗?它们之间如何换算?

(2)生活饮用水卫生标准中规定的总硬度应低于 450 mg($CaCO_3$)/L。你所饮用的水的硬度是否合格?硬度过高有何危害?

实训十三 钾离子的测定

13.1 目标

学习水中钾离子含量的测定。

13.2 实训材料与方法

13.2.1 方法

基于四苯硼钠的容量分析法。

基本原理：在水溶液中，K^+与一定量过量的四苯硼钠反应，生成四苯硼钾沉淀。剩余的四苯硼钠以溴酚蓝为指示剂，用季铵盐标准溶液滴定，反应生成难溶的四苯硼季铵盐沉淀。达到反应计量点后，过量的季铵盐与指示剂溴酚蓝结合，生成蓝色盐，溶液由黄绿色变成蓝色，表示达到滴定终点。

13.2.2 仪器

25 mL 滴定管，250 mL 锥形瓶，刻度移液管。

13.2.3 试剂

(1)氯化钾基准试剂[$\rho(K^+)=1.000$ mg/mL]：称取 130℃恒重的分析纯 KCl 1.906 8 g，用纯水溶解并稀释定容至 1 000 mL。

(2)硫酸镁—醋酸溶液：称取 127 g $MgSO_4 \cdot 7H_2O$ 溶解于纯水，加入 59 mL 冰醋酸，定容至 500 mL。

(3)醋酸—醋酸钠缓冲溶液(pH 3.5)：将 2 mol/L 醋酸(59 mL 冰醋酸配成 500 mL)和 1 mol/L 醋酸钠(13.6 g 醋酸钠配成 100 mL 溶液)按照 4∶1 体积混合。

(4)溴酚蓝指示剂(1 g/L)：0.1 g 溴酚蓝溶于 10 mL 95%乙醇中，加入 10 mL 0.1 mol/L NaOH，加水至 100 mL。

(5)四苯硼钠标准溶液(10 g/L)：10 g 四苯硼钠溶于水中，定容至 1 L。待标定。

(6)季铵盐标准溶液(7 g/L)：称取 7.0 g 十六烷基三甲基溴化铵于 1 L 烧杯，加入 150 mL 95%乙醇，溶解后迅速加入 850 mL 纯水，混匀后保存备用。待标定。

(7)松节油。

13.3 步骤

13.3.1 四苯硼钠标准溶液与季铵盐标准溶液体积比的测定

准确移取 5.00 mL 四苯硼钠于锥形瓶中，加入纯水 30 mL、3～4 滴溴酚蓝指示剂及 0.5 mL 醋酸—醋酸钠缓冲溶液，用季铵盐标准溶液滴定至蓝色即为终点，记录季铵盐用量 $V_{季铵盐}$，单位 mL。体积比 $f=5.00/V_{季铵盐}$。

13.3.2 四苯硼钠标准溶液的标定

准确移取氯化钾基准溶液于锥形瓶中，加纯水 45 mL、硫酸镁—醋酸溶液 3 mL，混匀。

以下按测定水样的步骤(3)～(5)进行，滴定消耗体积为 $V_{1季铵盐}$。

13.3.3　水样中钾离子含量的测定

(1)取澄清水样 10～50 mL($V_{样}$，含 K^+ 5 mg 左右)，相应加纯水 40～0 mL，使总体积约为 50 mL。

(2)加入 3 mL 硫酸镁—醋酸溶液，混匀。

(3)在不断搅拌下逐滴准确加入 10.00 mL 四苯硼钠溶液，放置 5 min 后加入 0.2 mL (5～7滴)溴酚蓝指示剂，滴加 1 mol/L NaOH 至溶液呈灰黄绿色(pH 3.5 左右，约 4 滴)。

(4)加入 1 mL 醋酸—醋酸钠缓冲溶液和 0.5 mL 松节油，充分混匀。

(5)用季铵盐标准溶液滴定至出现蓝色为终点，消耗体积 $V_{2季铵盐}$。

13.3.4　用添加法测定方法的回收率

另取上述操作同样体积水样($V_{样}$)，准确加入氯化钾标准溶液 2.000 mL，参照测定水样的步骤测定 K^+ 含量，滴定消耗体积 $V_{3季铵盐}$。计算方法的回收率。

13.3.5　结果与计算

(1)四苯硼钠标准溶液对 K^+ 的滴定度

$$T(四苯硼钠/K^+)=\frac{\rho(KCl/K^+)\times V_{KCl}}{V_{四苯硼钠}-f\times V_{1季铵盐}}$$

式中，$T(四苯硼钠/K^+)$—四苯硼钠标准溶液对 K^+ 的滴定度，mg/mL；

$\rho(KCl/K^+)$—以 K^+ 含量表示的氯化钾标准溶液的质量浓度，mg/mL。

(2)水样 K^+ 含量的计算(单位 mg/L)

$$\rho(K^+)=\frac{T(四苯硼钠/K^+)\times(V_{四苯硼钠}-f\times V_{2季铵盐})}{V_{样}}\times 1\,000$$

(3)回收率的计算(%)

$$W(回收率)=\frac{T(四苯硼钠/K^+)\times f(V_{2季铵盐}-V_{3季铵盐})}{2.000}\times 100$$

13.4　要求及注意事项

(1)必须用澄清水样测定。

(2)四苯硼钠标准溶液 pH 约为 9，澄清。如果变浑浊，需要过滤。其对 K^+ 的滴定度应每周校正。

13.5　考核

参见实训一。

13.6　思考题

(1)松节油在测定中起什么作用?

(2)什么情况下需要测定水中 Na^+ 和 K^+ 的含量?

实训十四 总铁的测定

14.1 目标

学习用邻菲啰啉(二氮杂菲)分光光度法测定水体中的总铁含量。

14.2 实训材料与方法

14.2.1 方法

二氮杂菲(邻菲啰啉)分光光度法(GB/T 5750.6-2006)。

基本原理:在 pH 3~9 条件下,低价铁离子(Fe^{2+})与二氮杂菲生成稳定的橙色络合物,在波长 508 nm 处有最大吸收,吸光值与铁含量成正比。盐酸羟胺可还原高价铁(Fe^{3+})为低价铁(Fe^{2+}),因此,反应中加入盐酸羟胺,测定的是水样中的总铁;不加盐酸羟胺,测定的是水样中的低价铁。

14.2.2 仪器

分光光度计,25 mL 具塞比色管。

14.2.3 试剂

(1)铁标准贮备液[ρ(Fe)=100 mg/L]:称取 0.351 1 g 硫酸亚铁铵[$FeSO_4 \cdot (NH_4)_2SO_4 \cdot 6H_2O$],用少量纯水溶解,加 3 mL 盐酸($\rho_{20}$=1.19 g/mL),定容至 500 mL。

(2)铁标准使用液[ρ(Fe)=10.0 mg/L]:吸取铁标准贮备液 10 mL 稀释至 100 mL,使用时现配。

(3)邻菲啰啉溶液(1.0 g/L):称取 0.1 g 邻菲啰啉($C_{12}H_8N_2 \cdot H_2O$,二氮杂菲,有水合物和盐酸盐两种,均可用),溶于加有 2 滴盐酸(ρ_{20}=1.19 g/mL)的纯水,稀释至 100 mL。

(4)盐酸羟胺溶液(100 g/L):称取盐酸羟胺($NH_2OH \cdot HCl$)10 g 溶解定容于 100 mL。此溶液不稳定,冷藏下至多可保存 1 周,最好现配现用。

(5)NaAc 溶液(1 mol/L):称取 83 g NaAc 溶于 1 000 mL 纯水中。

14.3 步骤

14.3.1 标准系列溶液及水样的配制

取 6 支 25 mL 比色管,分别按下表加入浓度为 10.0 mg/L Fe^{2+} 的标准使用液,用纯水定容至 25.0 mL;另 2 支加入一定稀释度的水样,摇匀。

14.3.2 显色与比色

上述 8 支比色管各加入盐酸羟胺溶液 0.5 mL,摇匀。经 2 min 后再加 1 mol/L NaAc 溶液 2.5 mL 及邻菲啰啉 1.5 mL,再摇匀。静置 15 min 后用纯水作参比,于 508 nm 下测定各管吸光度 A_i。

14.3.3 结果与计算

(1)以 A' 为纵坐标、ρ(Fe)为横坐标,在方格坐标纸上绘制一条过原点的标准曲线,并根

据水样的 A' 值在图上读出相应的 $\rho(Fe)$，单位 mg/L。

（2）用 Excel 软件在计算机上做一条以 A'（0～5）为纵坐标、$\rho(Fe)$ 为横坐标并且过原点的标准曲线。要求 $R^2 \geqslant 0.9980$。计算水样的 $\rho(Fe)$。

管号	0	1	2	3	4	5	6	7
使用液体积/mL	0.00	1.00	2.00	3.00	4.00	5.00	$V_{水样}$	$V_{水样}$
$\rho(Fe)$/(mg/L)	0	0.400	0.800	1.200	1.600	2.000		
盐酸羟胺/mL	0.5 mL，摇匀，放置 2 min							
NaAc 溶液/mL	2.5							
邻菲啰啉/mL	1.5 mL，静置 15 min							
A_i(508 nm)								
$A'=A_i-A_0$	0							

14.4　要求及注意事项

（1）加入盐酸羟胺是将水中的 Fe^{3+} 还原为 Fe^{2+}，测定的是溶解性总铁。如仅测 Fe^{2+}，则不加盐酸羟胺。

（2）铁含量为 0～1.0 mg/L 时用 5 cm 比色皿，最低检出浓度达 0.01 mg/L；铁含量为 0～5.0 mg/L 时，用 1 cm 比色皿。

14.5　实训记录

14.5.1　在方格纸上读出的 $\rho(Fe)$ 值

	$\rho(Fe)$/(mg/L)	$\rho(Fe)$平均值/(mg/L)	两平行管的相对差/%
水样管 1(6 号)			
水样管 2(7 号)			

14.5.2　用 Excel 软件处理标准曲线并计算结果

	$\rho(Fe)$/(mg/L)	$\rho(Fe)$平均值/(mg/L)	两平行管的相对差/%	R^2
水样管 1(6 号)				
水样管 2(7 号)				

14.6　考核

参见实训一。

14.7　思考题

实验中加入盐酸羟胺、NaAc 和邻菲啰啉等试剂的顺序能任意改变吗？为什么？

实训十五 溶解氧(DO)的测定及调控

15.1 目标

(1)学习用碘量法测定水体的溶解氧。

(2)学习水中溶解氧含量的调控方法。

15.2 实训材料与方法

15.2.1 方法

碘量法(GB 17378.4-2007)。

基本原理:水样中溶解氧与氯化锰及氢氧化钠反应,生成高价锰棕色沉淀。加酸溶解后,在碘离子存在下,释出与溶解氧含量相当的游离碘,用硫代硫酸钠标准溶液滴定游离碘,换算成溶解氧含量。

15.2.2 仪器

溶解氧水样瓶(图 1,预先测定体积 $V_{样}$),碘量瓶(图 2),滴定管等

图 1 溶解氧水样瓶

图 2 碘量瓶

15.2.3 试剂

(1)氯化锰溶液:称取 210 g 氯化锰($MnCl_2 \cdot 4H_2O$),用纯水溶解并稀释定容至 500 mL。

(2)碱性碘化钾溶液:称取 250 g 氢氧化钠(NaOH),在搅拌下溶于 250 mL 水中,冷却后加入 75 g 碘化钾,稀释至 500 mL,盛于具橡皮塞的棕色试剂瓶中。

(3)硫酸溶液(1+1):在搅拌下将同体积浓硫酸(H_2SO_4,ρ=1.84 g/mL)小心地加到同体积的水中,混匀。

(4)硫酸溶液(1 mol/L):在搅拌下将 28 mL 浓硫酸(H_2SO_4,ρ=1.84 g/mL)小心地加到 472 mL 纯水中。

(5)硫代硫酸钠溶液[$c(Na_2S_2O_3 \cdot 5H_2O)$=0.01 mol/L]:称取 25 g 硫代硫酸钠($Na_2S_2O_3 \cdot 5H_2O$),用刚煮沸冷却的纯水溶解,移入棕色试剂瓶中稀释至 10 L。置于阴凉处,待标定。

(6)淀粉指示剂(5 g/L):称取 0.5 g 可溶性淀粉,用少量水搅成糊状,加入 50 mL 煮沸

的水，混匀，继续煮至透明。冷却后加入 0.5 mL 乙酸，稀释至 100 mL。

(7)碘酸钾标准溶液[$c(1/6\ KIO_3)=0.010\ 0$ mol/L]：称取 0.178 3 g 碘酸钾(KIO_3，优级纯，预先在 120℃烘 2 h，置于硅胶干燥器中冷却)，用纯水溶解并稀释定容至 500 mL。

(8)固体碘化钾(KI)。

15.3　步骤

15.3.1　硫代硫酸钠溶液的标定

准确移取 10.00 mL 碘酸钾标准溶液[$c(1/6\ KIO_3)=0.010\ 0$ mol/L]，沿壁流入碘量瓶中，用少量水冲洗瓶壁。加入 0.5 g 固体碘化钾，沿壁注入 5.0 mL 硫酸溶液(1 mol/L)，塞好瓶塞，轻荡混匀。加少许水封口，在暗处放置反应 2 min。轻轻旋开瓶塞，沿壁加入 50 mL 水，在不断振摇下用硫代硫酸钠溶液滴定至溶液呈淡黄色，加入淀粉指示剂 1 mL，继续滴定至溶液淡黄色刚刚褪去，并在半分钟内不再出现蓝色为止。重复标定，两次滴定读数相差不超过 0.05 mL。按下式计算硫代硫酸钠溶液的准确浓度：

$$c(Na_2S_2O_3 \cdot 5H_2O)=\frac{10.00\times 0.010\ 0}{V_0}$$

式中，$c(Na_2S_2O_3 \cdot 5H_2O)$—硫代硫酸钠标准溶液浓度，mol/L；

V_0—两次标定消耗的硫代硫酸钠溶液体积的平均值，mL。

15.3.2　水样的采集和固定

采水器离开水体后立刻将其胶管插入水样瓶底部，放出少量水润洗 2～3 次后让水样慢慢注入瓶中，并溢出约 2～3 瓶体积的水。在不停注水的情况下，慢慢提出胶管，盖好瓶塞。瓶中不得留有气泡。立即向水样瓶中加入 1.0 mL 氯化锰溶液和 1.0 mL 碱性碘化钾溶液(管尖插入液面)，塞紧瓶塞后将水样瓶反复倒转 20 次以上，充分固定溶解氧。

15.3.3　水样的酸化和滴定

将水样瓶中上清液倒入锥形瓶中，立即向水样瓶中加入 1.0 mL 硫酸溶液(1+1)，塞紧瓶塞，振荡水样瓶至沉淀完全溶解，如沉淀不完全溶解，可继续补加硫酸至溶解，溶液也并入锥形瓶。在不断振摇下用硫代硫酸钠溶液滴定至淡黄色，加入淀粉指示剂 1 mL，继续滴定至溶液淡黄色刚刚褪去，并在半分钟内不再出现蓝色为止。记录消耗体积 V。

15.3.4　结果与计算

$$\rho(O_2)=\frac{c\times V\times 8}{V_{样}-2.0}\times 1\ 000$$

式中，$\rho(O_2)$—水中溶解氧含量，mg/L；

c—硫代硫酸钠标准溶液的浓度，mol/L；

V—水样滴定消耗的硫代硫酸钠体积，mL；

$V_{样}$—水样瓶体积，mL；

2.0—固定剂占用的水样瓶体积，mL。

15.3.5　溶解氧的调控

(1)溶解氧过低：用增氧机增氧，泼洒增氧剂如过氧化钙等，或加注溶解氧含量高的新水。

(2)溶解氧过高：换水、曝气等。

15.4 要求及注意事项

(1)水样固定后约 1 h 或沉淀完全后可以滴定,固定后的水样在避光条件下可保存 24 h。

(2)如水样中含有亚硝酸氮则会干扰滴定,可加入叠氮化钠消除干扰。

15.5 实训记录

15.5.1 硫代硫酸钠的标定

标定	消耗体积/mL	V_0/mL	$c(Na_2S_2O_3 \cdot 5H_2O)$/(mol/L)

15.5.2 溶解氧的测定

	水样瓶体积 $V_{样}$/mL	滴定消耗体积 V/mL	DO/(mg/L)	DO 平均值/(mg/L)
水样瓶 1				
水样瓶 2				
水样瓶 3				
水样瓶 4				

15.6 考核

参见实训一。

15.7 思考题

(1)在采样及固定过程中,水样瓶中为什么不能留有气泡?如果有气泡,对测定结果有什么影响?

(2)碘量法为测定溶解氧的国标方法,但在养殖生产中还有更为便捷的“隔膜电极法”可以使用,该方法需要使用的仪器是“便携式溶解氧测定仪”(图 3)。

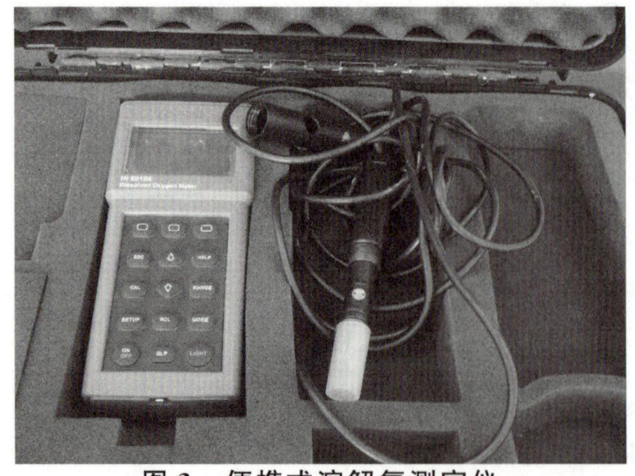

图 3 便携式溶解氧测定仪

使用前先用按仪器说明进行零点校正和校准,(手动或自动)设置好盐度和温度补偿,则可以很方便地测定水体的溶解氧。

实训十六 亚硝酸氮(NO_2^--N)的测定及调控

16.1 目标

(1)学习磺胺—盐酸萘乙二胺(重氮—偶氮)分光光度法测定水中亚硝酸盐氮含量。

(2)学习水中亚硝酸盐的去除方法。

16.2 实训材料与方法

16.2.1 方法

萘乙二胺分光光度法(GB 17378.4-2007)。

基本原理:在酸性介质中,亚硝酸盐与磺胺进行重氮化反应,其产物再与盐酸萘乙二胺耦合生成红色偶氮染料,在 543 nm 处有吸收峰,其吸光值与亚硝酸盐含量成正比。

16.2.2 仪器

分光光度计,25 mL 具塞比色管,容量瓶,移液管等。

16.2.3 试剂

(1)磺胺溶液(10 g/L):称取 5 g 磺胺($NH_2SO_2C_6H_4NH_2$),溶于 350 mL 盐酸溶液(1+6)中,用纯水稀释至 500 mL。贮于棕色试剂瓶,有效期为 2 个月。

(2)盐酸萘乙二胺溶液(1 g/L):称取 0.5 g 盐酸萘乙二胺($C_{10}H_7NHCH_2CH_2NH_2 \cdot 2HCl$),溶解定容至 500 mL。盛于棕色试剂瓶于冰箱中保存,有效期为 1 个月。

(3)亚硝酸盐标准贮备液[$\rho(NO_2^-$-N$) = 100.0\ \mu g/mL$]:称取 0.246 3 g 亚硝酸钠($NaNO_2$,于 110℃烘干),溶解定容至 500 mL,加 1 mL 三氯甲烷($CHCl_3$),混匀。贮于棕色试剂瓶中于冰箱内保存,有效期为 2 个月。

(4)亚硝酸盐标准使用液[$\rho(NO_2^-$-N$) = 0.500\ \mu g/mL$]:移取 0.50 mL 贮备液于 100 mL 容量瓶中,用纯水稀释至标线,混匀。临用前配制。

16.3 步骤

16.3.1 测定

(1)取 8 支 25 mL 具塞比色管,0~5 号按下表加入亚硝酸盐标准使用液,加纯水至标线,混匀。6~7 号管加入一定稀释比例的水样。

(2)每支比色管中分别加入 0.5 mL 磺胺溶液和 0.5 mL 盐酸萘乙二胺溶液,混匀,放置显色 15 min 后,在 543 nm 波长处,用 10 mm 比色皿,以纯水作参比,测定吸光度 A_i。

管号	0	1	2	3	4	5	6	7
使用液体积/mL	0	0.500	1.000	1.500	2.000	2.500	$V_{样}$	$V_{样}$
$\rho(NO_2^- \text{-N})$/(mg/L)	0	0.010 0	0.020 0	0.030 0	0.040 0	0.050 0		
磺胺溶液/mL	0.5，混匀，放置 5 min							
盐酸萘乙二胺/mL	0.5，混匀，放置显色 15 min							
A_i(543 nm)								
$A'=A_i-A_0$	0							

16.3.2 结果与计算

(1)以 A'为纵坐标、$\rho(NO_2^- \text{-N})$为横坐标，在方格坐标纸上绘制一条过原点的标准曲线，并根据水样的 A'值在图上读出相应的 $\rho(NO_2^- \text{-N})$，单位 mg/L。

(2)用 Excel 软件在计算机上作一条以 A'(0～5)为纵坐标、$\rho(NO_2^- \text{-N})$为横坐标并且过原点的标准曲线。要求 $R^2 \geqslant 0.998\ 0$。计算水样的 $\rho(NO_2^- \text{-N})$。

16.3.3 水中 NO_2^--N 的去除

(1)使用吸附剂如聚合氯化铝、沸石、活性炭等吸附。

(2)换水、增氧。

16.4 要求及注意事项

(1)如果有多个待测水样，可增加比色管数量，每种水样应有两根平行测定管。

(2)水样采集后，要用 0.45 μm 的滤膜过滤后测定。

(3)水样加盐酸萘乙二胺后应在 2 h 内测量完毕，并避免阳光照射。

16.5 实训记录

16.5.1 在方格纸上读出的 $\rho(NO_2^- \text{-N})$值

	$\rho(NO_2^- \text{-N})$/(mg/L)	$\rho(NO_2^- \text{-N})$平均值/(mg/L)	两平行管的相对差/%
水样管 1(6 号)			
水样管 2(7 号)			

16.5.2 用 Excel 软件处理标准曲线并计算结果

	$\rho(NO_2^- \text{-N})$/(mg/L)	$\rho(NO_2^- \text{-N})$平均值/(mg/L)	两平行管的相对差/%	R^2
水样管 1(6 号)				
水样管 2(7 号)				

16.6 考核

参见实训一。

16.7 思考题

6～7 号管中移取水样的体积如何确定？什么情况下应稀释？稀释至 $A'<0.100$ 好不好？

实训十七　氨氮($T\text{-}NH_3$)的测定及调控(靛酚蓝法)

17.1　目标

(1)学习用靛酚蓝法测定水体中总氨氮的含量。

(2)学习水中氨氮的去除方法。

17.2　实训材料与方法

17.2.1　方法

靛酚蓝分光光度法(GB 17378.4-2007)。

基本原理:在弱碱性介质中,以亚硝酰铁氰化钠为催化剂,氨与苯酚和次氯酸盐反应生成靛酚蓝,在 640 nm 处有吸收峰,其吸光值与氨氮含量成正比。

17.2.2　仪器

分光光度计,25 mL 具塞比色管,容量瓶,移液管等。

17.2.3　试剂

(1)铵标准贮备溶液[$\rho(T_{NH_3\text{-}N})=100.0\ \mu g/mL$]:称取 0.471 6 g 硫酸铵[$(NH_4)_2SO_4$,预先在 110℃烘 1 h,于干燥器中冷却],用纯水溶解并稀释定容至 1 000 mL。加 1 mL 三氯甲烷($CHCl_3$)混合,贮于棕色试剂瓶中,置于冰箱内保存,有效期半年。

(2)铵标准使用溶液[$\rho(T_{NH_3\text{-}N})=10.00\ \mu g/mL$]:移取 10.0 mL 铵标准贮备溶液于 100 mL 容量瓶中,加水至标线,混匀。临用前配制。

(3)氢氧化钠溶液[$c(NaOH)=0.50$ mol/L]:称取 10.0 g 氢氧化钠(NaOH)溶于1 000 mL 纯水中,加热蒸发至 500 mL,贮于聚乙烯瓶中。

(4)柠檬酸钠溶液(480 g/L):称取 240 g 柠檬酸钠($Na_3C_6H_5O_7\cdot 2H_2O$)溶于 500 mL 纯水中,加入 20 mL 氢氧化钠溶液,加入数粒防暴沸石,煮沸除氨直至溶液体积小于 500 mL。冷却后用无氨纯水稀释至 500 mL,盛于聚乙烯瓶中。此溶液长期稳定。

(5)苯酚溶液:称取 38 g 苯酚(C_6H_5OH)和 400 mg 亚硝酰铁氰化钠[$Na_2Fe(CN)_5NO\cdot 2H_2O$],溶于少量水,稀释至 1 000 mL,混匀。盛于棕色试剂瓶中,冰箱内保存。此溶液可稳定数月。

(6)硫代硫酸钠溶液[$c(Na_2S_2O_3\cdot 5H_2O)=0.10$ mol/L]:称取 25.0 g 硫代硫酸钠($Na_2S_2O_3\cdot 5H_2O$),溶解稀释至 1 000mL。加 1 g 碳酸钠(Na_2CO_3)混匀,转入棕色试剂瓶中保存。

(7)淀粉溶液(5 g/L):称取 1 g 可溶性淀粉,加少量水搅成糊状,加入 100 mL 沸水搅匀,电炉上煮至透明。冷却后加 1 mL 冰醋酸(CH_3COOH),用水稀释至 200 mL,盛于试剂瓶中。

(8)硫酸溶液[$c(H_2SO_4)=0.5$ mol/L]:移取 28 mL 硫酸(H_2SO_4,$\rho=1.84$ g/mL),缓慢倾入水中,稀释至 1 L,混匀。

(9)次氯酸钠贮备液(市售品,有效氯含量不少于 5.2%)。使用时按以下方法标定:

加 50 mL 硫酸溶液至 100 mL 锥形瓶中，加入约 0.5 g 碘化钾(KI)，混匀。加 1.00 mL 次氯酸钠溶液，用硫代硫酸钠溶液滴定至淡黄色，加入 1 mL 淀粉溶液，继续滴定至蓝色消失，记下消耗硫代硫酸钠溶液的体积，1.00 mL 相当于 3.54 mg 有效氯。

(10)次氯酸钠使用溶液(1.50 mg/mL 有效氯)：用氢氧化钠溶液稀释一定量的次氯酸钠贮备液，使 1.00 mL 中含有 1.50 mg 有效氯。此溶液盛于聚乙烯瓶中置冰箱保存，可稳定数周。

(11)无氨海水：采集氨氮低于 0.8 μg/L 的海水，用 0.45 μm 滤膜过滤后贮于聚乙烯桶中，每升海水加 1 mL 三氯甲烷，混合后即可作为无氨海水使用。

17.3 步骤

17.3.1 测定

(1)取 8 支 25 mL 具塞比色管，0～5 号按下表加入铵标准使用溶液，加无氨海水或无氨纯水至标线，混匀。6～7 号管加入一定稀释比例的水样。

(2)每支比色管中分别加入 1.0 mL 柠檬酸钠溶液和 1.0 mL 苯酚溶液，混匀；加入 1.0 mL 次氯酸钠使用溶液，混匀。放置 6 h 以上(淡水样品放置 3 h 以上)，让溶液充分显色。

(3)在 640 nm 波长处，用 10 mm 比色皿，以无氨纯水作参比，测定吸光度 A_i。

管号	0	1	2	3	4	5	6	7
使用液体积/mL	0	0.150	0.300	0.450	0.600	0.750	$V_{样}$	$V_{样}$
$\rho(NH_3\text{-}N)$/(mg/L)	0	0.060	0.120	0.180	0.240	0.300		
柠檬酸钠溶液/mL	1.0，混匀							
苯酚溶液/mL	1.0，混匀							
次氯酸钠使用溶液/mL	1.0，混匀，放置 6 h 以上(淡水样品放置 3 h 以上)							
A_i(640 nm)								
$A'=A_i-A_0$	0							

17.3.2 结果与计算

(1)以 A' 为纵坐标、$\rho(NH_3\text{-}N)$ 为横坐标，在方格坐标纸上绘制一条过原点的标准曲线，并根据水样的 A' 值在图上读出相应的 $\rho(NH_3\text{-}N)$，单位 mg/L。

(2)用 Excel 软件在计算机上作一条以 A'(0～5)为纵坐标、$\rho(NH_3\text{-}N)$ 为横坐标并且过原点的标准曲线。要求 $R^2 \geqslant 0.998\,0$。计算水样的 $\rho(NH_3\text{-}N)$。

17.3.3 水中 NH_3-N 的去除

(1)使用吸附剂如聚合氯化铝、沸石、活性炭等吸附。

(2)施用微生物制剂。

(3)换水、增氧。

(4)定期清淤。

17.4 要求及注意事项

(1)如果有多个待测水样，可增加比色管数量，每种水样应有两根平行测定管。

(2)水样采集后,要用 0.45 μm 的滤膜过滤后测定。

(3)样品和标准溶液的显色时间应保持一致,并避免阳光照射。

17.5 实训记录

17.5.1 在方格纸上读出的 $\rho(NH_3\text{-}N)$ 值

	$\rho(NH_3\text{-}N)$/(mg/L)	$\rho(NH_3\text{-}N)$平均值/(mg/L)	两平行管的相对差/%
水样管 1(6 号)			
水样管 2(7 号)			

17.5.2 用 Excel 软件处理标准曲线并计算结果

	$\rho(NH_3\text{-}N)$/(mg/L)	$\rho(NH_3\text{-}N)$平均值/(mg/L)	两平行管的相对差/%	R^2
水样管 1(6 号)				
水样管 2(7 号)				

17.6 考核

参见实训一。

17.7 思考题

(1)本法测出的是总氨氮,其中的“非离子氨”怎么求算?非离子氨占总氨氮的百分比与哪些因素有关?

(2)6～7 号管中移取水样的体积如何确定?什么情况下应稀释?稀释至 $A'<0.100$ 好不好?

实训十八 氨氮的测定(纳氏试剂法)

18.1 目标

学习用纳氏试剂法测定水体中总氨氮的含量。

18.2 实训材料与方法

18.2.1 方法

纳氏试剂分光光度法(HJ 535-2009)。

基本原理:以游离态的氨或铵离子等形式存在的氨氮与纳氏试剂反应生成淡红棕色络合物,该络合物在 420 nm 有最大吸收值,其吸光度与氨氮含量成正比。

18.2.2 仪器

722 分光光度计,10 mm 比色皿,25 mL 具塞比色管,容量瓶,移液管等。

18.2.3 试剂

(1)氨氮标准贮备溶液[$\rho(T_{NH_3\text{-}N})$=1 000 μg/mL]:称取3.819 0 g 氯化铵(NH_4Cl,优级纯,在 100～105℃干燥 2 h),溶于水中,移入1 000 mL 容量瓶中,稀释至标线。可在 2～5℃保存 1 个月。

(2)氨氮标准使用溶液[$\rho(T_{NH_3\text{-}N})$=10.00 μg/mL]:移取 1.0 mL 氨氮标准贮备溶液于 100 mL 容量瓶中,加水至标线,混匀。临用前配制。

(3)纳氏试剂,可选择下列方法的一种配制。

①纳氏试剂(Ⅰ):二氯化汞—碘化钾—氢氧化钾($HgCl_2$-KI-KOH)溶液

称取 15.0 g 氢氧化钾(KOH),溶于 50 mL 水中,冷却至室温。

称取 5.0 g 碘化钾(KI),溶于 10 mL 水中,在搅拌下,将 2.50 g 二氯化汞($HgCl_2$)粉末分多次加入碘化钾溶液中,直到溶液呈深黄色或出现淡红色沉淀溶解缓慢时,充分搅拌混合,并改为滴加二氯化汞饱和溶液,当出现少量朱红色沉淀不再溶解时,停止滴加。

在搅拌下,将冷却的氢氧化钾溶液缓慢地加入到上述二氯化汞和碘化钾的混合液中,并稀释至 100 mL,于暗处静置 24 h。倾出上清液,贮于聚乙烯瓶内,用橡皮塞或聚乙烯盖子盖紧,存放暗处,可稳定 1 个月。

②纳氏试剂(Ⅱ):碘化汞—碘化钾—氢氧化钠(HgI_2-KI-NaOH)溶液

称取 16.0g 氢氧化钠(NaOH),溶于 50 mL 水中,冷却至室温。

称取 7.0 g 碘化钾(KI)和 10.0 g 碘化汞(HgI_2),溶于水中,然后将此溶液在搅拌下,缓慢加入到上述 50 mL 氢氧化钠溶液中,用水稀释至 100 mL。贮于聚乙烯瓶内,用橡皮塞或聚乙烯盖子盖紧,于暗处存放,有效期 1 年。

(4)酒石酸钾钠溶液(ρ=500 g/L):称取 50.0 g 酒石酸钾钠($KNaC_4H_6O_6 \cdot 4H_2O$)溶于 100 mL 水中,加热煮沸以驱除氨,充分冷却后稀释至 100 mL。

18.3　步骤

18.3.1　测定

(1)取 8 支 25 mL 具塞比色管,0～5 号按下表加入氨氮标准使用溶液,加无氨海水或无氨纯水至标线,混匀。6～7 号管加入一定稀释比例的水样。

(2)每支比色管中分别加入 1.0 mL 酒石酸钾钠溶液,混匀;再加入纳氏试剂(Ⅰ)1.5 mL 或纳氏试剂(Ⅱ)1.0 mL,混匀,放置 10 min。

(3)在 420 nm 波长处,用 10 mm 比色皿,以无氨纯水作参比,测定吸光度 A_i。

管号	0	1	2	3	4	5	6	7
使用液体积/mL	0	1.00	2.00	3.00	4.00	5.00	$V_{样}$	$V_{样}$
$\rho(NH_3\text{-}N)$/(mg/L)	0	0.40	0.80	1.20	1.60	2.00		
酒石酸钾钠溶液/mL	1.0,混匀							
纳氏试剂(Ⅱ)/mL	1.0,混匀(如果用纳氏试剂Ⅰ则移取 1.5 mL),放置 10 min							
A_i(420 nm)								
$A'=A_i-A_0$	0							

18.3.2　结果与计算

(1)以 A' 为纵坐标、$\rho(NH_3\text{-}N)$ 为横坐标,在方格坐标纸上绘制一条过原点的标准曲线,并根据水样的 A' 值在图上读出相应的 $\rho(NH_3\text{-}N)$,单位 mg/L。

(2)用 Excel 软件在计算机上作一条以 A'(0～5)为纵坐标、$\rho(NH_3\text{-}N)$ 为横坐标并且过原点的标准曲线。要求 $R^2 \geqslant 0.9980$。计算水样的 $\rho(NH_3\text{-}N)$。

18.4　实训记录

18.4.1　在方格纸上读出的 $\rho(NH_3\text{-}N)$ 值

	$\rho(NH_3\text{-}N)$/(mg/L)	$\rho(NH_3\text{-}N)$平均值/(mg/L)	两平行管的相对差/%
水样管 1(6 号)			
水样管 2(7 号)			

18.4.2　用 Excel 软件处理标准曲线并计算的结果

	$\rho(NH_3\text{-}N)$/(mg/L)	$\rho(NH_3\text{-}N)$平均值/(mg/L)	两平行管的相对差/%	R^2
水样管 1(6 号)				
水样管 2(7 号)				

18.5　考核

参见实训一。

实训十九 硝酸氮的测定

19.1 目标

学习用锌—镉还原法测定水体中硝酸盐氮的含量。

19.2 实训材料与方法

19.2.1 方法

锌—镉还原法(GB 17378.4-2007,GB 12763.4)。

基本原理:在一定盐度条件下,加锌卷和氯化镉溶液于水样中,其中的硝酸盐会被还原为亚硝酸盐,然后按亚硝酸盐的测定方法(萘乙二胺分光光度法,见实训十六)测定出亚硝酸盐氮的含量,扣除水样中原有的亚硝酸盐即得硝酸盐氮的含量。

19.2.2 仪器

分光光度计,25 mL 具塞比色管,振荡器,60 mL 广口试剂瓶,容量瓶,移液管等。

19.2.3 试剂

(1)磺胺溶液(10 g/L):称取 5 g 磺胺($NH_2SO_2C_6H_4NH_2$),溶于 350 mL 盐酸溶液(1+6)中,用纯水稀释至 500 mL。贮于棕色试剂瓶,有效期为 2 个月。

(2)盐酸萘乙二胺溶液(1 g/L):称取 0.5 g 盐酸萘乙二胺($C_{10}H_7NHCH_2CH_2NH_2 \cdot 2HCl$),溶解定容至 500 mL。盛于棕色试剂瓶于冰箱保存,有效期为 1 个月。

(3)氯化镉溶液(20%):称取 20 g 氯化镉($CdCl_2 \cdot 2.5H_2O$),溶解稀释至 100 mL,贮于滴瓶中。

(4)锌卷:将锌片(AR)截成 5 cm×6 cm 的锌片,用 1.5 cm 外径的试管卷成 5 cm 高的锌卷,置于具塞的广口瓶中。

(5)氯化钠溶液(20%):称取 20 g 氯化钠,溶解稀释至 100 mL。

(6)硝酸钾标准贮备液[$\rho(NO_3^- -N)=140.0\ \mu g/mL$]:称取 1.011 g 硝酸钾($KNO_3$,AR,预先在 115℃烘 1 h,于干燥器中冷却),溶解定容至 1 000 mL,混匀,加 1 mL 氯仿($CHCl_3$)避光保存。

(7)硝酸钾标准使用液[$\rho(NO_3^- -N)=1.400\ \mu g/mL$]:移取 1.00 mL 标准贮备液于 100 mL 容量瓶中,用纯水定容,混匀。临用前配制。

19.3 步骤

19.3.1 测定

(1)取 8 个清洁干燥的 60 mL 广口试剂瓶,0~5 号按下表加入硝酸钾标准使用溶液,6~7号管加入一定稀释比例的水样,再分别加入 5 mL 20%的 NaCl 溶液(若用无氨海水稀释,则不必加 NaCl),加纯水至 50 mL,混匀。

(2)每个广口瓶中分别用镊子夹入锌卷 1 卷,滴入氯化镉溶液 2 滴,盖上瓶盖,顺序放入

振荡器中振荡 10 min。

(3)从广口瓶中各移取 25 mL 溶液，顺序放入对应的 8 支具塞比色管，分别加磺胺 0.5 mL，混匀；加盐酸萘乙二胺 0.5 mL，混匀，放置显色 15 min。在 543 nm 波长处，用 10 mm 比色皿，以纯水作参比，测定吸光度 A_i。

广口瓶号	0	1	2	3	4	5	6	7
使用液体积/mL	0	1.00	2.00	3.00	4.00	5.00	$V_{样}$	$V_{样}$
$\rho(NO_3^-$-N)/(mg/L)	0	0.028	0.056	0.084	0.112	0.140		
20%NaCl/mL	5							
锌卷/卷	1							
氯化镉/滴	2，振荡 10 min							
管号	0	1	2	3	4	5	6	7
磺胺溶液/mL	0.5，混匀，放置 5 min							
盐酸萘乙二胺/mL	0.5，混匀，放置显色 15 min							
A_i(543 nm)								
$A'=A_i-A_0$	0							

19.3.2　结果与计算

(1)以 A'为纵坐标、$\rho(NO_3^-$-N)为横坐标，在方格坐标纸上绘制一条过原点的标准曲线，并根据水样的 A'值在图上读出相应的 $\rho(NO_3^-$-N)，单位 mg/L。

(2)用 Excel 软件在计算机上作一条以 A'(0～5)为纵坐标、$\rho(NO_3^-$-N)为横坐标并且过原点的标准曲线。要求 $R^2 \geqslant 0.998\,0$。计算水样的 $\rho(NO_3^-$-N)。

19.4　要求及注意事项

(1)本方法是将 NO_3^--N 还原为 NO_2^--N 后测定，因此水样中的 NO_3^--N 应为测定结果扣除 NO_2^--N 的含量。

(2)各广口瓶振荡时间要相同。

19.5　实训记录

19.5.1　在方格纸上读出的 $\rho(NO_3^-$-N)值

	$\rho(NO_3^-$-N)/(mg/L)	$\rho(NO_3^-$-N)平均值/(mg/L)	两平行管的相对差/%
水样管 1(6 号)			
水样管 2(7 号)			

19.5.2　用 Excel 软件处理标准曲线并计算结果

	$\rho(NO_3^-$-N)/(mg/L)	$\rho(NO_3^-$-N)平均值/(mg/L)	两平行管的相对差/%	R^2
水样管 1(6 号)				
水样管 2(7 号)				

19.6 考核

参见实训一。

19.7 思考题

6～7 号管中移取水样的体积如何确定？什么情况下应稀释？稀释至 $A'<0.100$ 好不好？

实训二十 活性磷酸盐的测定及调控

20.1　目标

(1)学习用磷钼蓝分光光度法测定水体中活性磷酸盐的含量。

(2)学习水中磷酸盐的去除方法。

20.2　实训材料与方法

20.2.1　方法

磷钼蓝分光光度法(GB 17378.4-2007)。

基本原理:在酸性介质中,活性磷酸盐与钼酸铵反应生成磷钼黄,用抗坏血酸还原为磷钼蓝后于 882 nm 波长处测定吸光值

20.2.2　仪器

分光光度计,25 mL 具塞比色管,容量瓶,移液管等。

20.2.3　试剂

(1)钼酸铵—酒石酸锑钾混合溶液

① 硫酸溶液[$c(H_2SO_4)=6.0$ mol/L]:在搅拌下将 300 mL 硫酸(H_2SO_4,$\rho=1.84$ g/mL)缓缓加到 600 mL 水中。

② 钼酸铵溶液:溶解 28 g 钼酸铵[$(NH_4)_6Mo_7O_{24}\cdot 4H_2O$]于 200 mL 水中,溶液变浑浊时应重配。

③ 酒石酸锑钾溶液:溶解 6 g 酒石酸锑钾($C_4H_4KO_7Sb\cdot 1/2H_2O$)于 200 mL 水中,贮于聚乙烯瓶中。溶液变浑浊时应重配。

搅拌下将 45 mL 钼酸铵溶液加到 200 mL 硫酸溶液中,加入 5 mL 酒石酸锑钾溶液,混匀,贮于棕色玻璃瓶中。溶液变浑浊时应重配。

(2)抗坏血酸溶液:溶解 20 g 抗坏血酸($C_6H_8O_6$)于 200 mL 水中,盛于棕色试剂瓶或聚乙烯瓶中。在 4℃避光保存,可稳定 1 个月。

(3)磷酸盐标准贮备溶液(0.300 mg/mL P):称取 0.263 6 g 磷酸二氢钾(KH_2PO_4,优级纯,在 110～115℃烘 1～2 h)溶解定容至 200 mL,混匀,加 1 mL 三氯甲烷($CHCl_3$)。置于阴凉处,可稳定半年。

(4)磷酸盐标准使用溶液(3.00 μg/mL P):量取 1.00 mL 磷酸盐标准贮备溶液至 100 mL 容量瓶中,加纯水至标线,混匀。临用前配制。

20.3　步骤

20.3.1　测定

(1)取 8 支 25 mL 具塞比色管,0～5 号按下表加入磷酸盐标准使用液,加纯水至标线,混匀。6～7 号管加入一定稀释比例的水样。

(2)每支比色管中分别加入 0.5 mL 钼酸铵—酒石酸锑钾混合溶液和 0.5 mL 抗坏血酸溶液,混匀,放置显色 5 min 后,在 882 nm 波长处,用 10 mm 比色皿,以纯水作参比,测定吸光度 A_i。

管号	0	1	2	3	4	5	6	7
使用液体积/mL	0	1.00	2.50	5.00	7.50	10.00	$V_{样}$	$V_{样}$
ρ(P)/(mg/L)	0	0.120	0.300	0.600	0.900	1.200		
混合溶液/mL	0.5							
抗坏血酸/mL	0.5,混匀,放置显色 5 min							
A_i(882 nm)								
$A'=A_i-A_0$	0							

20.3.2 结果与计算

(1)以 A'为纵坐标、ρ(P)为横坐标,在方格坐标纸上绘制一条过原点的标准曲线,并根据水样的 A'值在图上读出相应的 ρ(P),单位 mg/L。

(2)用 Excel 软件在计算机上作一条以 A'(0~5)为纵坐标、ρ(P)为横坐标并且过原点的标准曲线。要求 $R^2 \geqslant 0.998\ 0$。计算水样的 ρ(P)。

20.3.3 磷酸盐的去除

(1)使用吸附剂如聚合氯化铝、沸石、活性炭等吸附。

(2)施用微生物制剂。

(3)换水、增氧。

20.4 要求及注意事项

(1)实验器皿不能用含磷洗涤剂清洗。

(2)水样采集后应马上过滤,立即测定;若不能立即测定,应置冰箱保存,但也应在 48 h 内测定完毕。

(3)磷钼蓝在 710 nm 附近也有吸收峰,也可选为工作波长。

(4)本方法得到的磷钼蓝颜色在 4 h 内稳定。

20.5 实训记录

20.5.1 在方格纸上读出的 ρ(P)值

	ρ(P)/(mg/L)	ρ(P)平均值/(mg/L)	两平行管的相对差/%
水样管 1(6 号)			
水样管 2(7 号)			

20.5.2　用 Excel 软件处理标准曲线并计算结果

	ρ(P)/(mg/L)	ρ(P)平均值/(mg/L)	两平行管的相对差/%	R^2
水样管 1(6 号)				
水样管 2(7 号)				

20.6　考核

参见实训一。

20.7　思考题

6～7 号管中移取水样的体积如何确定？什么情况下应稀释？稀释至 $A'<0.100$ 好不好？

实训二十一 总磷和总氮的测定及调控

21.1 目标

(1)学习用过硫酸钾氧化法测定水体中总磷和总氮的含量。

(2)学习水体中总氮和总磷的去除方法。

21.2 实训材料与方法

21.2.1 方法

过硫酸钾氧化法(GB 12763.4)。

基本原理:过硫酸钾在碱性及酸性条件下分别适宜氧化总氮和总磷。控制消化液中的碱用量与过硫酸钾用量的比例,使消化前期在碱性条件下(pH 9.2～9.7)进行,后期在酸性条件下(pH 2.3～2.8)进行,使得总氮和总磷的消化条件都满足。消化后总氮成为硝酸盐,总磷成为溶解正磷酸盐,再分别测定。

21.2.2 仪器

紫外分光光度计,高压灭菌锅,25 mL 具塞比色管,容量瓶,移液管等。

21.2.3 试剂

(1)消化液:分别称取 7.5 g 过硫酸钾($K_2S_2O_8$)、4.5 g 硼酸和 2.1 g 氢氧化钠(NaOH),分别溶于 500 mL、300 mL、200 mL 纯水中,三者混合均匀后低温保存备用。

(2)磷酸盐标准溶液(100.0 μg/mL P):称取 0.219 7 g 磷酸二氢钾(KH_2PO_4,优级纯,在 110～115℃烘 1～2 h)溶解后加入(1+1)硫酸 1 mL,定容至 500 mL。使用前稀释 10 倍为标准使用溶液。

(3)氮标准溶液(100.0 μg/mL N):称取 0.235 8 g 硫酸铵[$(NH_4)_2SO_4$,在 110℃烘 1 h],溶解定容至 500 mL,加 1 mL 三氯甲烷($CHCl_3$),贮于棕色试剂瓶中,冰箱内保存。使用前稀释 10 倍为标准使用溶液。

(4)磷酸盐显色剂:见 20.2.3 中的试剂(1)钼酸铵—酒石酸锑钾混合溶液和(2)抗坏血酸溶液。

(5)低氮磷海水:取外海表层清洁海水,经曝光晾晒数日后,用 0.45 μm 滤膜抽滤备用。

21.3 步骤

21.3.1 测定

(1)取 6 支 25 mL 具塞比色管,0～5 号按下表加入磷酸盐标准使用溶液和氮标准使用溶液,加纯水至标线,混匀。

(2)另取 8 支 25 mL 具塞比色管,0～5 号分别吸取上述标准溶液 10.0 mL,6～7 号管加入一定稀释比例的水样 10.0 mL。各管加入消化液 10.0 mL,摇匀。将比色管放在铝制试管架上一并放入高压灭菌锅中加压消化,控制温度在 120℃以上,消化 30 min。冷却后,

打开放气阀，小心开启灭菌锅盖，取出样品，用纯水定容至 25 mL，摇匀。

(3)总磷的测定：取消化后溶液 10.0 mL 于 10 mL 具塞比色管，加入钼酸铵—酒石酸锑钾混合溶液和抗坏血酸溶液各 0.5 mL，摇匀后置于 20～40℃环境中还原 30 min。在 690 nm、700 nm 或 882 nm 波长处，用 10 mm 比色皿，以纯水作参比，测定吸光度 A_i(P)。

(4)总氮的测定：用紫外分光光度计在 220 nm 和 275 nm 波长处，用 10 mm 石英比色皿，以纯水作参比，分别测定吸光度 A_{220i} 和 A_{275i}。

管号		0	1	2	3	4	5	6	7
使用液体积/mL		0	2.00	4.00	6.00	8.00	10.00	$V_{样}$	$V_{样}$
ρ(P)与 ρ(N)/(mg/L)		0	0.80	1.60	2.40	3.20	4.00		
		各管取 10.0 mL							
消化液/mL		10.0，120℃消化 30 min							
总磷的测定	混合溶液/mL	0.5							
	抗坏血酸/mL	0.5，混匀，放置显色 5 min							
	A_i(882 nm)								
	$A'=A_i-A_0$	0							
总氮的测定	A_{220i}								
	A_{275i}								
	$A_i=A_{220i}-2A_{275i}$								
	$A'=A_i-A_0$	0							

21.3.2　结果与计算

(1)总磷的计算

①以 A' 为纵坐标、ρ(P)为横坐标，在方格坐标纸上绘制一条过原点的标准曲线，并根据水样的 A' 值在图上读出相应的 ρ(P)，单位 mg/L。

②用 Excel 软件在计算机上作一条以 A'(0～5)为纵坐标、ρ(P)为横坐标并且过原点的标准曲线。要求 $R^2\geqslant 0.9980$。计算水样的 ρ(P)。

(2)总氮的计算

①以 A' 为纵坐标、ρ(N)为横坐标，在方格坐标纸上绘制一条过原点的标准曲线，并根据水样的 A' 值在图上读出相应的 ρ(N)，单位 mg/L。

②用 Excel 软件在计算机上作一条以 A'(0～5)为纵坐标、ρ(N)为横坐标并且过原点的标准曲线。要求 $R^2\geqslant 0.9980$。计算水样的 ρ(N)。

21.3.3　总磷和总氮的去除

(1)使用吸附剂如聚合氯化铝、沸石、活性炭等吸附。

(2)施用微生物制剂。

(3)换水、增氧。

21.4　要求及注意事项

(1)高压灭菌锅的使用要严格按照操作规程，注意安全。

(2)比色管的塞子密封不严,有条件时可使用带螺旋盖的消化瓶。

21.5 实训记录

21.5.1 总磷的测定记录

(1)在方格纸上读出的 ρ(P)值

	ρ(P)/(mg/L)	ρ(P)平均值/(mg/L)	两平行管的相对差/%
水样管 1(6 号)			
水样管 2(7 号)			

(2)用 Excel 软件处理标准曲线并计算结果

	ρ(P)/(mg/L)	ρ(P)平均值/(mg/L)	两平行管的相对差/%	R^2
水样管 1(6 号)				
水样管 2(7 号)				

21.5.2 总氮的测定记录

(1)在方格纸上读出的 ρ(N)值

	ρ(N)/(mg/L)	ρ(N)平均值/(mg/L)	两平行管的相对差/%
水样管 1(6 号)			
水样管 2(7 号)			

(2)用 Excel 软件处理标准曲线并计算结果

	ρ(N)/(mg/L)	ρ(N)平均值/(mg/L)	两平行管的相对差/%	R^2
水样管 1(6 号)				
水样管 2(7 号)				

21.6 考核

参见实训一。

21.7 思考题

水中的总磷包括哪些?总氮包括哪些?联合消化后的终产物分别是什么?

实训二十二　高锰酸盐指数(COD_{Mn})的测定及调控

22.1　目标

(1)学习用碱性高锰酸钾法测定水体高锰酸盐指数(COD_{Mn})。

(2)学习 COD 的去除方法。

22.2　实训材料与方法

22.2.1　方法

碱性高锰酸钾法(GB 17378.4-2007)。

基本原理:在碱性加热条件下,用已知并且是过量的高锰酸钾氧化海水中的需氧物质;然后在硫酸酸性条件下,用碘化钾还原过量的高锰酸钾和二氧化锰,所生成的游离碘用硫代硫酸钠标准溶液滴定。

22.2.2　仪器

25 mL 碱式滴定管,250 mL 碘量瓶,刻度移液管,电炉等。

22.2.3　试剂

(1)氢氧化钠溶液(250 g/L):称取 25 g 氢氧化钠(NaOH)溶于 100 mL 纯水,盛于聚乙烯瓶。

(2)硫酸溶液(1+3):在搅拌下将 1 体积浓硫酸(H_2SO_4,ρ=1.84 g/mL)小心地加到 3 体积的水中,混匀,冷却,盛于试剂瓶。

(3)碘酸钾标准溶液[$c(1/6\ KIO_3)=0.010\ 0$ mol/L]:称取 3.567 g 碘酸钾(KIO_3,优级纯,预先在 120℃ 烘干 2 h,置于干燥器中冷却),溶解定容至 1 000 mL,此溶液浓度为 0.100 0 mol/L,阴暗处放置,有效期为 1 个月。使用时准确稀释 10 倍,即得 $c(1/6KIO_3)=0.010\ 0$ mol/L的标准使用溶液。

(4)硫代硫酸钠溶液[$c(Na_2S_2O_3\cdot 5H_2O)=0.01$ mol/L]:称取 25 g 硫代硫酸钠($Na_2S_2O_3\cdot 5H_2O$),用刚煮沸冷却的纯水溶解,加入约 2 g 碳酸钠(Na_2CO_3),移入棕色试剂瓶中稀释至 10 L。置于阴凉处,待标定。

(5)淀粉溶液(5 g/L):称取 0.5 g 可溶性淀粉,用少量水搅成糊状,加入 50 mL 煮沸的水,混匀,继续煮至透明,冷却后加入 0.5 mL 乙酸,稀释至 100 mL。

(6)高锰酸钾溶液[$c(1/5KMnO_4)=0.01$ mol/L]:称取 3.2 g 高锰酸钾($KMnO_4$),溶于 200 mL 水中,加热煮沸 10 min,冷却,移入棕色试剂瓶,稀释至 10 L,混匀。放置 7 d 左右,用玻璃砂芯漏斗过滤。

(7)碘化钾(KI)固体。

22.3 步骤

22.3.1 硫代硫酸钠溶液的标定

准确移取 10.00 mL 碘酸钾标准溶液[$c(1/6\ KIO_3)$=0.010 0 mol/L]，沿壁流入碘量瓶中，用少量水冲洗瓶壁。加入 0.5 g 固体碘化钾，沿壁注入 1.0 mL 硫酸溶液(1+3)，塞好瓶塞，轻荡混匀，加少许水封口，在暗处放置反应 2 min。轻轻旋开瓶塞，沿壁加入 50 mL 水，在不断振摇下用硫代硫酸钠溶液滴定至溶液呈淡黄色，加入淀粉指示剂 1 mL，继续滴定至溶液淡黄色刚刚褪去，并在半分钟内不再出现蓝色为止。重复标定，两次滴定读数相差不超过 0.05 mL。按下式计算硫代硫酸钠溶液的准确浓度：

$$c(Na_2S_2O_3 \cdot 5H_2O)=\frac{10.00\times 0.0100}{V_0}$$

式中，$c(Na_2S_2O_3 \cdot 5H_2O)$—硫代硫酸钠标准溶液浓度，mol/L；

V_0—两次标定消耗的硫代硫酸钠溶液体积的平均值，mL。

22.3.2 水样的测定

(1)准确量取 100.0 mL 摇匀的水样于 250 mL 碘量瓶中(测平行双样，若水样有机物含量高，可取一定量水样加蒸馏水稀释至 100 mL)，加入几粒玻璃珠、1 mL 氢氧化钠溶液(250 g/L)，混匀；加入高锰酸钾溶液[$c(1/5KMnO_4)$=0.01 mol/L] 10.00 mL，混匀。

(2)立即将碘量瓶(不能加盖)置于覆盖有石棉网的电炉上加热至沸，准确煮沸 10 min(从冒出第一个气泡开始计时)，然后迅速冷却至室温。

(3)加入硫酸(1+3) 5 mL、碘化钾(KI) 0.5 g，加盖并用水封口，放暗处 5 min。

在不断振摇下用硫代硫酸钠溶液滴定至溶液呈淡黄色，加入淀粉溶液 1 mL，继续滴定至溶液淡黄色刚刚褪去，并在半分钟内不再出现蓝色为止。记录消耗的硫代硫酸钠溶液体积 V_{1a}和 V_{1b}。两平行双样滴定读数相差不超过 0.10 mL。V_{1a}和 V_{1b}的平均值为 V_1。

另取 100 mL 蒸馏水代替水样，按(1)～(3)步骤测定空白值 V_2。

22.3.3 COD_{Mn}的计算

$$\rho(COD_{Mn})=\frac{c(Na_2S_2O_3)\times(V_2-V_1)}{100.0}\times 8\times 1\ 000$$

式中，$\rho(COD_{Mn})$—水样的高锰酸盐指数，mg/L；

$c(Na_2S_2O_3)$—标定的硫代硫酸钠溶液浓度，mol/L；

V_2—空白滴定消耗的硫代硫酸钠体积，mL；

V_1—水样滴定消耗的硫代硫酸钠的平均体积，mL；

100.0—水样体积，mL。

22.3.4 COD 的去除

(1)过滤、清淤。

(2)使用化学吸附剂。

(3)施用微生物制剂等。

22.4 要求及注意事项

(1)水样加热后一定要冷却至室温才能加硫酸和碘化钾，否则游离碘会挥发。

(2)水样中氯离子含量高于 300 mg/L 时(如海水)适用此方法。

(3)在加热过程中,若溶液红色变浅或全部褪去,说明水样中还原性物质(有机物)过多,应将水样稀释后重新测定。当高锰酸钾指数超过 10 mg/L 时,应少取水样并经稀释后再测定。一般使加热氧化后残留 $KMnO_4$ 为其加入量的 1/3～1/2 为宜。

22.5　实训记录

22.5.1　硫代硫酸钠的标定

标定	消耗体积/mL	V_0/mL	$c(Na_2S_2O_3 \cdot 5H_2O)$/(mol/L)
第一次			
第二次			

22.5.2　COD_{Mn}的测定

	滴定消耗体积 V/mL	滴定平均体积 V_1/mL	空白消耗体积 V_2/mL	COD_{Mn}/(mg/L)
水样 1a				
水样 1b				
水样 2a				
水样 2b				

22.6　考核

参见实训一。

22.7　思考题

水样加热时为什么不能加盖?

可扫码观看教学视频,进行学习:

实训二十三 化学需氧量(COD_{Cr})的测定及调控

23.1 目标

(1)学习用重铬酸钾法测定水体化学需氧量(COD_{Cr})。

(2)学习 COD 的去除方法。

23.2 实训材料与方法

23.2.1 方法

重铬酸盐法(GB 11914-89)。

基本原理:在水样中加入已知并且过量的重铬酸钾溶液,在强酸介质下以银盐为催化剂,经沸腾回流后,以试亚铁灵为指示剂,用硫酸亚铁铵滴定水样中未被还原的重铬酸钾,由消耗的硫酸亚铁铵量换算为消耗氧的量。

23.2.2 仪器

(1)回流装置:带有 24 号标准磨口的 250 mL 锥形瓶的全玻璃回流装置(图 1)。回流冷凝管长度为 300~500 mm。若取样量在 30 mL 以上,可采用带 500 mL 锥形瓶的全玻璃回流装置。

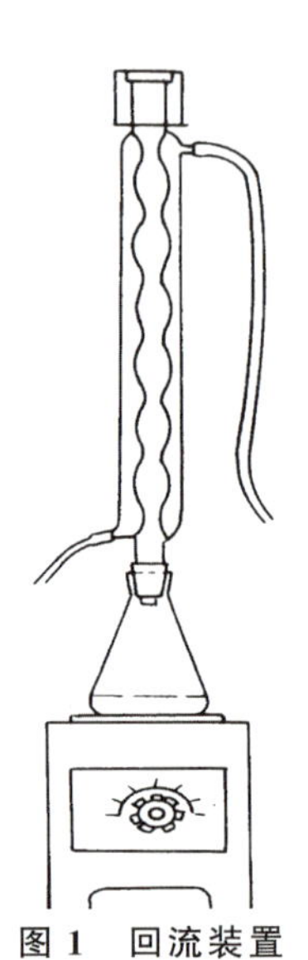
图 1 回流装置

(2)加热装置。

(3)25 mL 或 50 mL 酸式滴定管。

23.2.3 试剂

(1)硫酸银—硫酸溶液:向 1 L 硫酸(H_2SO_4,$\rho=1.84$ g/mL)中加入 10 g 硫酸银(Ag_2SO_4,化学纯),混匀,放置 1~2 d 使之溶解,使用前小心摇动。

(2)重铬酸钾标准溶液[$c(1/6K_2Cr_2O_7)=0.250$ mol/L]:称取 12.258 g 重铬酸钾($K_2Cr_2O_7$,在 105℃烘干 2 h,置于干燥器中冷却)溶解定容至 1 000 mL。

(3)硫酸亚铁铵标准滴定溶液 $c[(NH_4)_2Fe(SO_4)_2 \cdot 6H_2O]\approx 0.10$ mol/L:称取 39 g 硫酸亚铁铵[$(NH_4)_2Fe(SO_4)_2 \cdot 6H_2O$],溶于少量水,加入 20 mL 硫酸($H_2SO_4$,$\rho=1.84$ g/mL),冷却后稀释至 1 000 mL。每日临用前,需用重铬酸钾标准溶液标定其浓度。

(4)邻菲啰啉指示剂:溶解 0.7 g 七水合硫酸亚铁($Fe_2SO_4 \cdot 7H_2O$)于 50 mL 水中,加入 1.5 g 邻菲啰啉(也称 1,10—菲绕啉、试亚铁灵,1,10-phenanthroline monohydrate)搅动至溶解,加水稀释至 100 mL。

(5)硫酸汞($HgSO_4$):化学纯。

(6)硫酸(H_2SO_4,$\rho=1.84$ g/mL)。

23.3 步骤

23.3.1　硫酸亚铁铵标准滴定溶液的标定

准确移取 10.00 mL 重铬酸钾标准溶液[$c(1/6K_2Cr_2O_7)=0.250$ mol/L]于锥形瓶中，用水稀释至约 100 mL，加入 30 mL 硫酸(H_2SO_4，$\rho=1.84$ g/mL)混匀，冷却后加入 3 滴(约 0.15 mL)邻菲啰啉指示剂，用硫酸亚铁铵标准滴定溶液滴定至溶液由黄色经蓝绿色变为红褐色，即为终点。记录消耗的硫酸亚铁铵体积 V_0。按下式计算硫酸亚铁铵溶液的准确浓度：

$$c[(NH_4)_2Fe(SO_4)_2\cdot 6H_2O]=\frac{10.00\times 0.250}{V_0}$$

式中，$c[(NH_4)_2Fe(SO_4)_2\cdot 6H_2O]$—硫酸亚铁铵溶液浓度，mol/L；

V_0—滴定消耗的硫酸亚铁铵溶液体积，mL。

23.3.2　水样的测定

(1)准确量取 20.0 mL 摇匀的水样(或一定量的水样稀释至 20 mL)于磨口锥形瓶中，加入 10.0 mL 重铬酸钾标准溶液和几粒防暴沸玻璃珠，摇匀。

(2)将锥形瓶接到回流装置的冷凝管下端，接通冷凝水，从冷凝管上端缓慢加入 30 mL 硫酸银—硫酸溶液，不断旋转锥形瓶使之混合均匀。加热，自溶液开始沸腾起回流 2 h。

(3)冷却后，用 20～30 mL 水自冷凝管上端冲洗冷凝管，取下锥形瓶，用水稀释至 140 mL 左右。待溶液冷却至室温后，加入 3 滴(约 0.15 mL)邻菲啰啉指示剂，用硫酸亚铁铵标准滴定溶液滴定至溶液由黄色经蓝绿色变为红褐色，即为终点。记录消耗的硫酸亚铁铵体积 V_2。

(4)按相同步骤，用 20.0 mL 纯水代替水样进行空白试验，消耗的硫酸亚铁铵体积为 V_1。

23.3.3　COD_{Cr}的计算

$$\rho(COD_{Cr})=\frac{c\times(V_1-V_2)}{20.0}\times 8\times 1\,000$$

式中，$\rho(COD_{Cr})$—水样的化学需氧量，mg/L；

c—标定的硫酸亚铁铵溶液浓度，mol/L；

V_1—空白滴定消耗硫酸亚铁铵的体积，mL；

V_2—水样滴定消耗硫酸亚铁铵的体积，mL；

20.0—水样体积，mL；

23.3.4　COD 的去除

见 22.3.4。

23.4 要求及注意事项

(1)本方法适用于 COD_{Cr} 含量为 30～700 mg/L(可稀释)，氯化物含量(稀释后)<1 000 mg/L 的水样。

(2)氯离子能被 $K_2Cr_2O_7$ 氧化，并与 Ag_2SO_4 作用生成沉淀。水样中含氯离子时可加入适当的 $HgSO_4$ 络合(生成可溶性氯汞配合物)。

(3)对于 COD<50 mg/L 的水样，应采用低浓度的 $K_2Cr_2O_7$ 溶液(0.0250 mol/L)氧化。加热回流后，采用低浓度的硫酸亚铁铵溶液滴定。

(4)对于严重污染的水样，应适当稀释：取 1/10 体积的水样和 1/10 的试剂于硬质试管，摇匀后加热，溶液若变成蓝绿色，减少水样……重复，直至溶液不变为蓝绿色。

(5)水样加入回流后，溶液中 $K_2Cr_2O_7$ 的剩余量应是加入量的 1/5～4/5 为宜。

23.5 实训记录

23.5.1 硫酸亚铁铵溶液的标定

标定	消耗体积/mL	V_0/mL	$c[(NH_4)_2Fe(SO_4)_2 \cdot 6H_2O]$/(mol/L)

23.5.2 COD_{Cr} 的测定

	滴定消耗体积 V/mL	滴定平均体积 V_2/mL	空白消耗体积 V_1/mL	COD_{Cr}/(mg/L)
水样 1a				
水样 1b				
水样 2a				
水样 2b				

23.6 考核

参见实训一。

23.7 思考题

(1)硫酸银—硫酸溶液为什么要从冷凝管的上端加入？直接从锥形瓶口加入对结果有何影响？

(2)加入硫酸银—硫酸溶液后为什么要在冷凝管的上端盖一小烧杯？

可扫码观看教学视频，进行学习：

实训二十四 BOD_5的测定及调控

24.1　目标

(1)掌握 BOD_5 的测定方法和技术。

(2)深入理解 BOD_5 的含义及对水体健康的危害。

(3)掌握对 BOD_5 含量过高水体的调控方法。

24.2　实训材料与方法(包括实训场所及工具等)

24.2.1　实训场所

测量水体现场进行采样,在实验室进行 BOD_5 测定及调控。

24.2.2　BOD_5 测定

稀释与接种法(国标 HJ 505-2009)。

24.2.3　仪器和设备

本标准除非另有说明,分析时均使用符合国家 A 级标准的玻璃量器。本标准使用的玻璃仪器须清洁,无毒性和可生化降解的物质。

(1)滤膜:孔径为 1.6 μm。

(2)BOD 瓶:带水封装置,容积 250～300 mL(图 1、图 2)。

图 1　BOD 瓶

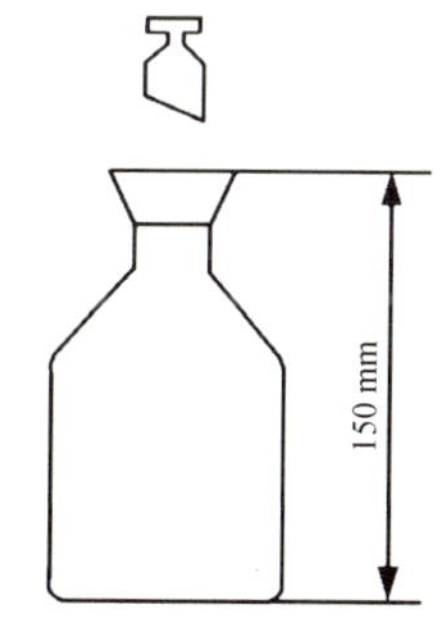

图 2　BOD 瓶示意

(3)稀释容器:1 000～2 000 mL 的量筒或容量瓶。

(4)虹吸管:供分取水样或添加稀释水。

(5)溶解氧测定仪。

(6)冷藏箱:0～4℃。

(7)冰箱:有冷冻和冷藏功能。

(8)带风扇的恒温培养箱:(20±1)℃。

(9)曝气装置:多通道空气泵或其他曝气装置。曝气可能带来有机物、氧化剂和金属,导致空气污染,如有污染,空气应过滤清洗。

24.2.4 试剂和材料

本标准所用试剂除非另有说明，分析时均使用符合国家标准的分析纯化学试剂。

(1)水：实验用水为符合 GB/T 6682 规定的 3 级蒸馏水，且水中铜离子的质量浓度不大于 0.01 mg/L，不含有氯或氯胺等物质。

(2)接种液：可购买接种微生物用的接种物质。接种液的配制和使用按说明书的要求操作。也可直接取待测的水样。

(3)盐溶液

磷酸盐缓冲溶液：将 8.5 g 磷酸二氢钾(KH_2PO_4)、21.8 g 磷酸氢二钾(K_2HPO_4)、33.4 g 七水合磷酸氢二钠($Na_2HPO_4 \cdot 7H_2O$)和 1.7 g 氯化氨(NH_4Cl)溶于水中，稀释至 1 000 mL。此溶液在 0～4℃可稳定保存 6 个月。此溶液的 pH 值为 7.2。

硫酸镁溶液[$\rho(MgSO_4)=11.0$ g/L]：将 22.5 g 七水合硫酸镁($MgSO_4 \cdot 7H_2O$)溶于水中，稀释至 1 000 mL。此溶液在 0～4℃可稳定保存 6 个月，若发现任何沉淀或微生物生长应弃去。

氯化钙溶液[$\rho(CaCl_2)=27.6$ g/L]：将 27.6 g 无水氯化钙($CaCl_2$)溶于水中，稀释至 1 000 mL。此溶液在 0～4℃可稳定保存 6 个月，若发现任何沉淀或微生物生长应弃去。

氯化铁溶液[$\rho(FeCl_3)=0.15$ g/L]：将 0.25 g 六水合氯化铁($FeCl_3 \cdot 6H_2O$)溶于水中，稀释至 1 000 mL。此溶液在 0～4℃可稳定保存 6 个月，若发现任何沉淀或微生物生长应弃去。

(4)稀释水：在 5～20 L 的玻璃瓶中加入一定量的水，控制水温在(20±1)℃，用曝气装置至少曝气 1 小时，使稀释水中的溶解氧达到 8 mg/L 以上。使用前每升水中加入上述四种盐溶液(3)各 1.0 mL，混匀，20℃保存。在曝气的过程中防止污染，特别是防止带入有机物、金属、氧化物或还原物。

稀释水中氧的浓度不能过饱和，使用前需开口放置 1 小时，且应在 24 小时内使用。剩余的稀释水应弃去。

(5)接种稀释水：根据接种液的来源不同，每升稀释水(4)中加入适量接种液(2)：城市生活污水和污水处理厂出水加 1～10 mL，河水或湖水加 10～100 mL，将接种稀释水存放在(20±1)℃的环境中，当天配制当天使用。接种的稀释水 pH 值为 7.2，BOD_5应小于 1.5 mg/L。

(6)盐酸溶液[$c(HCl)=0.5$ mol/L]：将 40mL 浓盐酸(HCl)溶于水中，稀释至 1 000 mL。

(7)氢氧化钠溶液[$c(NaOH)=0.5$ mol/L]：将 20 g 氢氧化钠溶于水中，稀释至 1 000 mL。

(8)亚硫酸钠溶液[$c(Na_2SO_3)=0.025$ mol/L]：将 1.575 g 亚硫酸钠(Na_2SO_3)溶于水中，稀释至 1 000 mL。此溶液不稳定，需现用现配。

(9)葡萄糖—谷氨酸标准溶液：将葡萄糖($C_6H_{12}O_6$，优级纯)和谷氨酸($HOOC—CH_2—CH_2—CHNH_2—COOH$，优级纯)在 130℃干燥 1 小时，各称取 150 mg 溶于水中，在 1 000 mL 容量瓶中稀释至标线。此溶液的 BOD_5 为(210±20) mg/L，现用现配。该溶液也可少量冷冻保存，融化后立刻使用。

(10)丙烯基硫脲硝化抑制剂[$\rho(C_4H_8N_2S)=1.0$ g/L]：溶解 0.20 g 丙烯基硫脲($C_4H_8N_2S$)于 200 mL 水中混合，4℃保存。此溶液可稳定保存 14 d。

(11)乙酸溶液，1+1。

(12)碘化钾溶液[ρ(KI)=100 g/L]:将 10 g 碘化钾(KI)溶于水中,稀释至 100 mL。

(13)淀粉溶液[ρ=5 g/L]:将 0.50 g 淀粉溶于水中,稀释至 100 mL。

24.3　步骤

24.3.1　样品采集与保存

样品采集按照《地表水和污水监测技术规范》(HJ/T 91)的相关规定执行。采集的样品应充满并密封于棕色玻璃瓶中,样品量不小于 1 000 mL,在 0～4℃的暗处运输和保存,并于 24 h 内尽快分析。24 h 内不能分析,可冷冻保存(冷冻保存时避免样品瓶破裂),冷冻样品分析前需解冻、均质化和接种。

24.3.2　样品的前处理

pH 值调节:若样品或稀释后样品 pH 值不在 6～8 范围内,应用盐酸溶液或氢氧化钠溶液调节其 pH 值至 6～8。

余氯和结合氯的去除:若样品中含有少量余氯,一般在采样后放置 1～2 h,游离氯即可消失。对在短时间内不能消失的余氯,可加入适量亚硫酸钠溶液去除样品中存在的余氯和结合氯,加入的亚硫酸钠溶液的量由下述方法确定。

取已中和好的水样 100 mL,加入 10 mL 乙酸溶液、1 mL 碘化钾溶液,混匀,暗处静置 5 min。用亚硫酸钠溶液滴定析出的碘至淡黄色,加入 1 mL 淀粉溶液呈蓝色。再继续滴定至蓝色刚刚褪去,即为终点,记录所用亚硫酸钠溶液体积,由亚硫酸钠溶液消耗的体积计算出水样中应加亚硫酸钠溶液的体积。

样品均质化:含有大量颗粒物、需要较大稀释倍数的样品或经冷冻保存的样品,测定前均需将样品搅拌均匀。

藻类:若样品中有大量藻类存在,BOD_5的测定结果会偏高。当分析结果精度要求较高时,测定前应用滤孔为 1.6 μm 的滤膜过滤,检测报告中注明滤膜滤孔的大小。

含盐量低的样品:若样品含盐量低,非稀释样品的电导率小于 125 μS/cm 时,需加入适量相同体积的四种盐溶液,使样品的电导率大于 125 μS/cm。每升样品中至少需加入各种盐的体积 V 按下列公式计算:

$$V=(\Delta K-12.8)/113.6$$

式中,V—需加入各种盐的体积,mL;

ΔK—样品需要提高的电导率值,μS/cm。

24.3.3　非稀释法

非稀释法分为两种情况:非稀释法和非稀释接种法。如样品中的有机物含量较少,BOD_5的质量浓度不大于 6 mg/L,且样品中有足够的微生物,用非稀释法测定。若样品中的有机物含量较少,BOD_5的质量浓度不大于 6 mg/L,但样品中无足够的微生物,如酸性废水、碱性废水、高温废水、冷冻保存的废水或经过氯化处理等的废水,采用非稀释接种法测定。

待测试样的准备:测定前待测试样的温度达到(20±2)℃,若样品中溶解氧浓度低,需要用曝气装置曝气 15 min,充分振摇赶走样品中残留的空气泡;若样品中氧过饱和,将容器2/3体积充满样品,用力振荡赶出过饱和氧,然后根据试样中微生物含量情况确定测定方法。非稀释法可直接取样测定;对非稀释接种法,每升试样中加入适量的接种液,待测定。若试样中含有硝化细菌，有可能发生硝化反应，需在每升试样中加入 2 mL 丙烯基硫脲硝化抑制剂。

空白试样：对非稀释接种法，每升稀释水中加入与试样中相同量的接种液作为空白试样，需要时每升试样中加入 2 mL 丙烯基硫脲硝化抑制剂。

试样的测定：

(1)碘量法测定试样中的溶解氧：将试样充满两个溶解氧瓶，使试样少量溢出，防止试样中的溶解氧质量浓度改变，使瓶中存在的气泡靠瓶壁排除。将一瓶盖上瓶盖，加上水封，在瓶盖外罩上一个密封罩，防止培养期间水封水蒸发干。在恒温培养箱中培养 5 d±4 h 或 (2+5)d±4 h 后测定试样中溶解氧的质量浓度。另一瓶 15 min 后测定试样在培养前溶解氧的质量浓度。溶解氧的测定按实训十五进行操作。

(2)电化学探头法测定试样中的溶解氧：将试样充满一个溶解氧瓶，使试样少量溢出，防止试样中的溶解氧质量浓度改变，使瓶中存在的气泡靠瓶壁排除。测定培养前试样中的溶解氧的质量浓度。盖上瓶盖，防止样品中残留气泡，加上水封，在瓶盖外罩上一个密封罩，防止培养期间水封水蒸发干。将试样瓶放入恒温培养箱中培养 5 d±4 h 或(2+5)d±4 h，测定培养后试样中溶解氧的质量浓度。溶解氧的测定按 GB/T 11913 进行操作。

空白试样的测定方法同上。

24.3.4 稀释与接种法

稀释与接种法分为两种情况：稀释法和稀释接种法。若试样中的有机物含量较多，BOD_5 的质量浓度大于 6 mg/L，且样品中有足够的微生物，采用稀释法测定；若试样中的有机物含量较多，BOD_5 的质量浓度大于 6 mg/L，但试样中无足够的微生物，采用稀释接种法测定。

试样的准备：

(1)待测试样：待测试样的温度达到(20±2)℃，若试样中溶解氧浓度低，需要用曝气装置曝气 15 min，充分振摇赶走样品中残留的气泡；若样品中氧过饱和，将容器的 2/3 体积充满样品，用力振荡赶出过饱和氧，然后根据试样中微生物含量情况确定测定方法。稀释法测定，稀释倍数按表 1 和表 2 方法确定，然后用稀释水稀释。稀释接种法测定，用接种稀释水稀释样品。若样品中含有硝化细菌，有可能发生硝化反应，需在每升试样培养液中加入 2 mL 丙烯基硫脲硝化抑制剂。

(2)稀释倍数的确定：样品稀释的程度应使消耗的溶解氧质量浓度不小于 2 mg/L，培养后样品中剩余溶解氧质量浓度不小于 2 mg/L，且试样中剩余溶解氧的质量浓度为开始浓度的 1/3～2/3 为最佳。稀释倍数可根据样品的总有机碳(TOC)、高锰酸盐指数(I_{Mn})或化学需氧量(COD_{Cr})的测定值，按照表 1 列出的 BOD_5 与总有机碳(TOC)、高锰酸盐指数(I_{Mn})或化学需氧量(COD_{Cr})的比值 R 估计 BOD_5 的期望值(R 与样品的类型有关)，再根据表 2 确定稀释因子。当不能准确地选择稀释倍数时，一个样品做 2～3 个不同的稀释倍数。

表 1　典型的比值 R

水样类型	总有机碳 R (BOD_5/TOC)	高锰酸盐指数 R (BOD_5/I_{Mn})	化学需氧量 R (BOD_5/COD_{Cr})
未处理的废水	1.2～2.8	1.2～1.5	0.35～0.65
生化处理的废水	0.3～1.0	0.5～1.2	0.20～0.35

由表 1 中选择适当的 R 值，按下面公式计算 BOD_5 的期望值：

$$\rho = R \cdot Y$$

式中，ρ—5 日生化需氧量浓度的期望值，mg/L；

Y—总有机碳（TOC）、高锰酸盐指数（I_{Mn}）或化学需氧量（COD_{Cr}）的值，mg/L。

由估算出的 BOD_5 的期望值，按表 2 确定样品的稀释倍数。

表 2　BOD_5 测定的稀释倍数

BOD_5 的期望值，氧质量浓度/(mg/L)	稀释倍数	水样类型
6～12	2	河水，生物净化的城市污水
10～30	5	河水，生物净化的城市污水
20～60	10	生物净化的城市污水
40～120	20	澄清的城市污水或轻度污染的城市污水
100～300	50	轻度污染的工业废水或原城市污水
200～600	100	轻度污染的工业废水或原城市污水
400～1 200	200	重度污染的工业废水或原城市污水
1 000～3 000	500	重度污染的工业废水
2 000～6 000	1 000	重度污染的工业废水

按照确定的稀释倍数，将一定体积的试样或处理后的试样用虹吸管加入已加部分稀释水或接种稀释水的稀释容器中，加稀释水或接种稀释水至刻度，轻轻混合避免残留气泡，待测定。若稀释倍数超过 100 倍，可进行两步或多步稀释。

若试样中有微生物毒性物质，应配制几个不同稀释倍数的试样，选择与稀释倍数无关的结果，并取其平均值。试样测定结果与稀释倍数的关系确定如下：当分析结果精度要求较高或存在微生物毒性物质时，一个试样要做 2 个以上不同的稀释倍数，每个试样每个稀释倍数做平行双样同时进行培养。测定培养过程中每瓶试样氧的消耗量，并画出氧消耗量对每一稀释倍数试样中原样品的体积曲线。

若此曲线呈线性，则此试样中不含有任何抑制微生物的物质，即样品的测定结果与稀释倍数无关；若曲线仅在低浓度范围内呈线性，取线性范围内稀释比的试样测定结果计算平均 BOD_5 值。

空白试样：对稀释法测定，空白试样为稀释水，需要时每升稀释水中加入 2 mL 丙烯基硫脲硝化抑制剂。对稀释接种法测定，空白试样为接种稀释水，必要时每升接种稀释水中加入2 mL丙烯基硫脲硝化抑制剂。

试样的测定：试样和空白试样的测定方法同非稀释法。

24.3.5　结果计算

非稀释法按下面公式计算样品 BOD_5 的测定结果：

$$\rho=\rho_1-\rho_2$$

式中，ρ—5 日生化需氧量质量浓度，mg/L；

ρ_1—水样在培养前的溶解氧质量浓度，mg/L；

ρ_2—水样在培养后的溶解氧质量浓度，mg/L。

非稀释接种法按下面公式计算样品 BOD_5 的测定结果：

$$\rho=(\rho_1-\rho_2)-(\rho_3-\rho_4)$$

式中，ρ—5 日生化需氧量质量浓度，mg/L；

ρ_1—接种水样在培养前的溶解氧质量浓度，mg/L；

ρ_2—接种水样在培养后的溶解氧质量浓度，mg/L；

ρ_3—空白样在培养前的溶解氧质量浓度，mg/L；

ρ_4—空白样在培养后的溶解氧质量浓度，mg/L。

稀释法和稀释接种法按下面公式计算样品 BOD_5 的测定结果：

$$\rho=\frac{(\rho_1-\rho_2)-(\rho_3-\rho_4)\cdot f_1}{f_2}$$

式中，ρ—5 日生化需氧量质量浓度，mg/L；

ρ_1—接种稀释水样在培养前的溶解氧质量浓度，mg/L；

ρ_2—接种稀释水样在培养后的溶解氧质量浓度，mg/L；

ρ_3—空白样在培养前的溶解氧质量浓度，mg/L；

ρ_4—空白样在培养后的溶解氧质量浓度，mg/L；

f_1—接种稀释水或稀释水在培养液中所占的比例；

f_2—原样品在培养液中所占的比例。

BOD_5 测定结果以氧的质量浓度（mg/L）报出。对稀释与接种法，如果有几个稀释倍数的结果满足要求，结果取这些稀释倍数结果的平均值。结果小于 100 mg/L，保留一位小数；100～1 000 mg/L，取整数位；大于 1 000 mg/L，以科学计数法报出。结果报告中应注明样品是否经过过滤、冷冻或均质化处理。

24.4　要求及注意事项

测定质量保证和质量控制从以下几个方法进行：

（1）空白试样：每一批样品做两个分析空白试样，稀释法空白试样的测定结果不能超过 0.5 mg/L，非稀释接种法和稀释接种法空白试样的测定结果不能超过 1.5 mg/L，否则应检查可能的污染来源。

（2）接种液、稀释水质量的检查：每一批样品要求做一个标准样品，样品的配制方法如下：取 20 mL 葡萄糖—谷氨酸标准溶液于稀释容器中，用接种稀释水稀释至 1 000 mL，测定 BOD_5，测定结果 BOD_5 应在 180～230 mg/L 范围内，否则应检查接种液、稀释水的质量。

（3）平行样品：每一批样品至少做一组平行样，计算相对百分偏差 *RP*。当 BOD_5 小于 3 mg/L时，*RP* 值应小于（等于）±15％；当 BOD_5 为 3～100 mg/L 时，*RP* 值应小于（等于）

±20%；当 BOD_5 大于 100 mg/L 时，RP 值应小于（等于）±25%。计算公式如下：

$$RP=\frac{\rho_1-\rho_2}{\rho_1+\rho_2}\times 100\%$$

式中，RP—相对百分偏差，%；

ρ_1—第一个样品 BOD_5 的质量浓度，mg/L；

ρ_2—第二个样品 BOD_5 的质量浓度，mg/L。

该方法的精密度和准确度如下：非稀释法实验室间的重现性标准偏差为 0.10～0.22 mg/L，再现性标准偏差为 0.26～0.85 mg/L。稀释法和稀释接种法的对比测定结果重现性标准偏差为 11 mg/L，再现性标准偏差为 3.7～22 mg/L。

24.5　考核

参见实训一。

24.6　案例

BOD_5 是反映水体中有机物含量的指标。在水产养殖中有机物高会造成水“肥”，有机物被微生物分解过程中消耗大量溶解氧，会造成水体缺氧，从而影响水生生物的生长。以下为养殖南美白对虾前期、中期和后期对水质控制方法：

（1）前期水质调控。虾苗投放入池后，几天后，水体中的浮游动物如枝角类、桡足类和轮虫等会摄食浮游植物，而虾苗会摄食浮游动物，加上浮游植物本身生长老化，水体中生物组成发生变化，浮游植物和浮游动物会减少，虾池水色会变化。此时要根据池水状况和天气情况，适当追施肥料。肥料选择和施肥量，可根据当地实际情况决定。此时，控制水质标准是“肥”、“活”。

（2）中期水质调控。投放虾苗一个月后，虾苗转向以摄食人工配合饲料为主。此时浮游生物在虾池的作用，主要是调节水体的环境，调控透明度等，因此必须控制浮游动物的生长。由于投喂人工饲料不断增加，池内残饵相应增多，加上虾的排泄物和池内浮游生物死亡形成有机物的沉积，使虾池变“肥”，此时要设法减“肥”。调控的方法，一是向池内泼洒一些氧化消毒剂（注意浓度不能过高），把池底沉积的有毒物质氧化，降低毒性，同时可杀死一些藻类，降低池水“肥”度；二是添加新水，最好是加注清洁的淡水。调控水的标准应达到“清”、“活”、“爽”。“清”——清净，无混浊，无明显的悬浮物；“活”——水色有变化，不是死水；“爽”——清爽。

（3）后期水质调控。对虾养殖进入后期（60 天以后），随着虾的长大投饵不断增多，虾的排泄物不断增多，加上池中浮游动物的不断老化死亡，造成池底有机沉积物增多，虾池自身污染日益加重，此时要特别注重水质管理和调控。一要准确掌握和控制投饵量，不要超量投饵。二要清底排污，有中间排污的池塘要勤排污；没有中间排污的池塘，可安装吸污泵，把池底污物吸抽出池外。但要注意吸污方法，不要把池水搞成“翻底”。三要在清污后泼洒一些池底净、沸石粉、白石粉等改善池底环境的物质，并泼洒氧化消毒剂（注意浓度不能过高）。四要在消毒 3～4 天后，消毒剂药效消失后投放一些有益活菌（如粤海牌利生素、富水美、泥康、硝氮净、生物底改等产品），净化水质。肉眼观察，后期水质的标准应达到水深褐色而不浊、不浑，闻到藻味而不臭，手感较清爽而不黏稠。

24.7 思考题

渔业水质标准中规定 $BOD_5 \leqslant 5$ mg/L，冰封期 $\leqslant 3$ mg/L。BOD_5 含量过高对养殖生物的危害是什么？养殖过程中怎样防止 BOD_5 过高？

实训二十五 硫化物的测定及调控

25.1 目标

(1)掌握水体硫化物测定的方法。

(2)了解控制水体硫化物过高的方法。

25.2 实训材料与方法

25.2.1 硫化物测量方法

GB/T 16489-1996 亚甲基蓝分光光度法。

方法原理:样品经酸化,硫化物转化成硫化氢,用氮气将硫化氢吹出,转移到盛乙酸锌—乙酸钠溶液的吸收显色管中,与 N,N-二甲基对苯二胺和硫酸铁铵反应生成蓝色的络合物亚甲基蓝,在 665 nm 波长处测定。

25.2.2 试剂

(1)去离子除氧水:将蒸馏水通过离子交换柱制得去离子水,通入氮气至饱和(以 200~300 mL/min 的速度通氮气约 20 min),以除去水中溶解氧。制得的去离子除氧水应立即盖严,并存放于玻璃瓶内。

(2)氮气:纯度>99.99%。

(3)硫酸(H_2SO_4):ρ=1.84 g/mL。

(4)磷酸(H_3PO_4):ρ=1.69 g/mL。

(5)N,N-二甲基对苯二胺(对氨基二甲基苯胺)溶液:称取 2 g N,N-二甲基对苯二胺[$NH_2C_6H_4N(CH_3)_2 \cdot 2HCl$]溶于 200 mL 水中,缓缓加入 200 mL 浓硫酸,冷却后用水稀释至 1 000 mL,摇匀。此溶液室温下贮存于密闭的棕色瓶内,可稳定 3 个月。

(6)硫酸铁铵溶液:称取 25 g 硫酸铁铵[$Fe(NH_4)_2(SO_4)_2 \cdot 12H_2O$]溶于含有 5 mL 浓硫酸的水中,用水稀释至 250 mL,摇匀。溶液如出现不溶物或浑浊,应过滤后使用。

(7)磷酸溶液:1+1。

(8)抗氧化剂溶液:称取 2 g 抗坏血酸($C_6H_8O_6$)、0.1 g 乙二胺四乙酸二钠(EDTA,$C_{10}H_{14}O_8N_2Na_2 \cdot 2H_2O$)和 0.5 g 氢氧化钠(NaOH)溶于 100 mL 水中,摇匀并贮存在棕色瓶内。本溶液应在使用当天配置

(9)乙酸锌—乙酸钠溶液:称取 50 g 乙酸锌($ZnAc_2 \cdot 2H_2O$)和 12.5 g 乙酸钠($NaAc \cdot 3H_2O$)溶于 1 000 mL 水中,摇匀。

(10)硫酸溶液:1+5。

(11)氢氧化钠溶液(4 g/100 mL):称取 4 g 氢氧化钠(NaOH)溶于 100 mL 水中,摇匀。

(12)淀粉溶液(1 g/100 mL):称取 1 g 可溶性淀粉,用少量水调成糊状,慢慢倒入 100 mL 沸水,继续煮沸至溶液澄清,冷却后贮存于试剂瓶中。临用现配。

(13)碘标准溶液[$c(1/2\ I_2)$=0.10 mol/L]:准确称取 6.345 8 g 碘(I_2)于烧杯中,加入

20 g 碘化钾(KI)和 10 mL 水,搅拌至完全溶解,用水稀释至 500 mL,摇匀并贮存于棕色瓶中。

(14)重铬酸钾标准溶液[$c(1/6\ K_2Cr_2O_7)=0.1000$ mol/L]:准确称取 4.903 0 g 重铬酸钾($K_2Cr_2O_7$,优级纯,经 110℃干燥 2 h)溶于水,移入 1 000 mL 容量瓶,用水稀释至标线,摇匀。

(15)硫代硫酸钠标准溶液[$c(Na_2S_2O_3)=0.1$ mol/L]:称取 24.8 g 硫代硫酸钠($Na_2S_2O_3\cdot 5H_2O$)溶于水,加 1 g 无水碳酸钠(Na_2CO_3),移入 1 000 mL 棕色容量瓶,用水稀释至标线,摇匀。放置一周后标定其准确浓度。溶液如呈现浑浊,必须过滤。

标定方法:在 250 mL 碘量瓶中,加 1 g 碘化钾(KI)和 50 mL 水,加 15.00 mL 重铬酸钾标准溶液(14),振摇至完全溶解后,加 5 mL 硫酸溶液(10),立即密塞摇匀。于暗处放置 5 min后,用待标定的硫代硫酸钠标准溶液滴定至溶液呈淡黄色时,加 1 mL 淀粉溶液(12),继续滴定至蓝色刚好消失为终点。记录硫代硫酸钠标准溶液的用量,同时做空白滴定。

硫代硫酸钠标准溶液的准确浓度 $c_{Na_2S_2O_3}$(mol/L)按下式计算:

$$c_{Na_2S_2O_3}=\frac{0.1000\times 15.00}{V_1-V_2}$$

式中,V_1—滴定重铬酸钾标准溶液消耗硫代硫酸钠标准溶液的体积,mL;

V_2—滴定空白溶液消耗硫代硫酸钠标准溶液的体积,mL。

(16)硫化钠标准溶液:取一定量结晶状硫化钠($Na_2S\cdot 9H_2O$)于布氏漏斗或小烧杯中,用水淋洗除去表面杂质,用干滤纸吸去水分后,称取约 0.75 g 溶于少量水,移入 100 mL 棕色容量瓶,用水稀释至标线,摇匀后标定其准确浓度。每次配制硫化钠标准使用液之前,均应标定硫化钠标准溶液的浓度。

标定方法:在 250 mL 碘量瓶中,加 10 mL 乙酸锌—乙酸钠溶液(9)、10.00 mL 待标定的硫化钠标准溶液和 20.00 mL 碘标准溶液(13),用水稀释至约 60 mL,加 5 mL 硫酸溶液(10),立即密塞摇匀。于暗处放置 5 min 后,用硫代硫酸钠标准溶液(15)滴定至溶液呈淡黄色时,加 1 mL 淀粉溶液 L(12),继续滴定至蓝色刚好消失为终点。记录硫代硫酸钠标准溶液(15)的用量,同时以 10 mL 水代替硫化钠标准溶液,做空白滴定。

硫化钠标准溶液中硫化物的含量按下式计算:

$$硫化物(mg/ml)=\frac{(V_0-V_1)\times c_{Na_2S_2O_3}\times 16.03}{10.00}$$

式中,V_1—滴定硫化钠标准溶液消耗硫代硫酸钠标准溶液的体积,mL;

V_0—滴定空白溶液消耗硫代硫酸钠标准溶液的体积,mL;

$c_{Na_2S_2O_3}$—硫代硫酸钠标准溶液的浓度,mol/L;

16.03—硫化物($1/2\ S^{2-}$)的摩尔质量。

(17)硫化钠标准使用液:以新配制的氢氧化钠溶液(11)调节去离子除氧水 pH=10~12 后,取约 400 mL 水于 500 mL 棕色容量瓶内,加 1~2 mL 乙酸锌—乙酸钠溶液(9),混匀。吸取一定量刚标定过的硫化钠标准溶液(16),移入上述棕色瓶,注意边振荡边成滴状加入,然后加已调 pH=10~12 的水稀释至标线,充分摇匀,使之成均匀含硫离子(S^{2-})浓度为 10.00 μg/mL 的硫化锌混悬液。本标准使用液在室温下保存可稳定半年。每次使用时,应在充分摇匀后取用。

25.2.3 仪器和装置

(1)酸化—吹气—吸收装置。

(2)氮气流量计:测量范围 0～500 mL/min。

(3)分光光度计。

(4)碘量瓶:250 mL。

(5)容量瓶:100 mL、250 mL、500 mL、1 000 mL。

(6)具塞比色管:100 mL。

25.3 步骤

25.3.1 采样

由于硫离子很容易被氧化,硫化氢易从水样中逸出,因此在采样时应防止曝气,并加适量的氢氧化钠溶液和乙酸锌—乙酸钠溶液,使水样呈碱性并形成硫化锌沉淀。采样时应先加乙酸锌—乙酸钠溶液,再加水样。通常氢氧化钠溶液(11)的加入量为每升中性水样加 1 mL,乙酸锌—乙酸钠溶液(9)的加入量为每升水样加 2 mL,硫化物含量较高时应酌情多加直至沉淀完全。水样应充满瓶,瓶塞下不留空气。

25.3.2 样品保存

现场采集并固定的水样应贮存在棕色瓶内,保存时间为一周。

25.3.3 样品分析

25.3.3.1 校准曲线的绘制

取 9 支 100 mL 具塞比色管,各加 20 mL 乙酸锌—乙酸钠溶液(9),分别取 0.00,0.50,1.00,2.00,3.00,4.00,5.00,6.00,7.00 mL 硫化钠标准使用液(17)移入各比色管,加水至约 60 mL,沿比色管壁缓慢加入 10 mL N,N-二甲基对苯二胺溶液(5),立即密塞并缓慢倒转一次,加 1 mL 硫酸铁铵溶液(6),立即密塞并充分摇匀。放置 10 min 后,用水稀释至标线,摇匀。使用 10 cm 比色皿,以水作参比,在波长 665 nm 处测量吸光度,同时做空白试验。

以测定的各标准溶液扣除空白试验的吸光度为纵坐标,对应的标准溶液中硫离子的含量(μg)为横坐标绘制校准曲线。

25.3.3.2 样品测定

(1)沉淀分离法

对于无色、透明、不含悬浮物的清洁水样,采用沉淀分离法测定。

取一定体积现场采集并固定的水样于分液漏斗中(样品应确保硫化物沉淀完全),取样时应充分摇匀、静置,待沉淀与溶液分层后将沉淀部分放入 100 mL 具塞比色管,加水至约 60 mL,以下按 25.3.3.1 中有关步骤进行测定。测定的吸光度值扣除空白试验的吸光度后,在校准曲线上查出硫化物的含量。

(2)酸化—吹气—吸收法

对于含悬浮物、浑浊度较高、有色、不透明的水样,采用酸化—吹气—吸收法测定。连接酸化—吹气—吸收装置,通氮气检查装置的气密性后,关闭气源。取 20 mL 乙酸锌—乙酸钠溶液(9),从侧向玻璃接口处加入吸收显色管。

取一定体积、采样现场已固定并混匀的水样,加 5 mL 抗氧化剂溶液(8)。取出加酸通氮管,将水样移入反应瓶,加水至总体积约 200 mL。重装加酸通氮管,接通氮气,以 200～300 mL/min 的速度预吹气 2～3 min 后,关闭气源。关闭加酸通氮管活塞,取出顶部接管,向加酸通氮管内加 10 mL 磷酸溶液(7)后,重接顶部接管。缓慢旋开加酸通氮管活塞,接通氮气，以 300 mL/min 的速度连续吹气 30 min。吹气速度和吹气时间的改变均会影响测定结果，必要时可通过测定硫化钠标准使用液的回收率进行检验。取下吸收显色管，关闭气源，以少量水冲洗吸收显色管各接口，加水至约 60 mL，由侧向玻璃接口处缓慢加入 10 mL N，N-二甲基对苯二胺溶液(5)，立即密塞并将溶液缓慢倒转一次，再从侧向玻璃接口处加入 1 mL 硫酸铁铵溶液(6)，立即密塞并充分振荡，放置 10 min。将溶液移入 100 mL 具塞比色管，用水冲洗吸收显色管，冲洗液并入比色管，用水稀释至标线，摇匀。使用 1 cm 比色皿，以水作参比，在波长 665 nm 处测量吸光度。测得的吸光度值扣除空白试验的吸光度后，在校准曲线上查出硫化物的含量。

25.3.3.3　空白试验

以水代替试料，按 25.3.3.2 进行空白试验，并加入与测定时相同体积的试剂。

25.3.4　结果计算

硫化物的含量 c(mg/L)按下式计算：

$$c=\frac{m}{V}$$

式中，m—由校准曲线上查得的试料中含硫化物量，μg；

V—试料体积，mL。

25.4　要求及注意事项

本测定方法的主要干扰物为 SO_3^{2-}、$S_2O_3^{2-}$、SCN^-、NO_2^-、CN^- 和部分重金属离子。硫化物含量为 0.500 mg/L 时，样品中干扰物质的最高允许含量分别为 SO_3^{2-} 20 mg/L、$S_2O_3^{2-}$ 240 mg/L、SCN^- 400 mg/L、NO_2^- 65 mg/L、NO_3^- 200 mg/L、I^- 400 mg/L、CN^- 5 mg/L、Cu^{2+} 2 mg/L、Pb^{2+} 25 mg/L 和 Hg^{2+} 4 mg/L。

当取水样体积为 100 mL，使用光程为 1 cm 的比色皿时，方法的检出限为 0.005 mg/L，测定上限为 0.700 mg/L。对硫化物含量较高的水样，可适当减少取样量或将样品稀释后测定。

25.5　考核

参见实训一。

25.6　案例

水体中硫化物的来源：(1)硫素矿化作用；(2)硫酸盐还原。通常硫化物是以 H_2S、HS^-、S_2^- 三种形态存在于水体中，而且三种形态的比例主要取决于水体的 pH 值，当 pH 小于 5 时，几乎(99%左右)都以 H_2S 存在，大于 9 时基本(98%左右)以 HS^- 存在，硫化物随着 pH 值的下降毒性增强。硫化物对虾类的毒性很强，可能是通过鳃表面黏膜与组织(Na^+)或血液中(Cu^{2+})的化学离子结合形成具有强烈刺激作用的物质，抑制了某些酶化反应从而产生毒害。李建等研究表明硫化氢对日本对虾蚤状幼体、糠虾幼体和仔虾的安全浓度分别 0.043 mg/L、0.055 mg/L、0.070 5 mg/L。Affonoso 等也曾经报道，日本对虾在硫化氢 0.1 mg/L时虾体容易失去平衡，甚至死亡；海水中 0.051 mg/L H_2S，4 天内就可以致死 50%斑节对虾。张吕平等(2002)研究表明，H_2S 是引发集约化养殖白对虾大量死亡或病害

流行的水质因子之一，其阈值是 H_2S 0.1 mg/L。另外，硫化氢作为强还原剂，可以影响大多数需氧微生物和藻类的正常代谢，从而弱化了水体的自净能力及外源微生物底质改良和硝化细菌等类产品的使用效果。

硫化氢控制标准：《渔业水质标准》中规定，养殖水质中硫化氢浓度应严格控制在 0.1 mg/L 以下。实际养殖生产中，硫化氢的浓度也应严格控制在 0.1 mg/L 以下，虾蟹育苗水体中应严格控制在 0.05 mg/L 以下。

硫化物控制措施：(1)创造水体氧化环境；(2)改良池塘底部；(3)生物氧化处理。

25.7　思考题

(1)在怎样的养殖水体中易出现硫化物中毒现象？

(2)预防和控制硫化物中毒的具体措施有哪些？

模块四　底质样品的测定及调控

实训二十六　底质样品的采集和预处理

26.1　目标

(1)掌握底质样品的采集方法和注意事项。

(2)掌握底质样品预处理方法。

26.2　实训材料与方法

26.2.1　实训场所

池塘或养殖池。

26.2.2　底质采集工具

采泥器(图1)、绳索、勺。

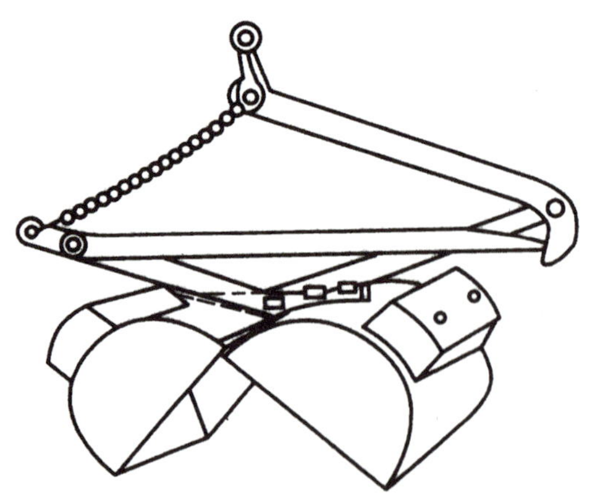

图1　Pertersen氏掘式采泥器

26.2.3　盛装样品容器

用于贮存海洋沉积物样品容器应为广口硼硅玻璃和聚乙烯袋。聚乙烯袋强度有限，使用时应用两只袋子双层加固或套用白布袋保护。聚乙烯袋不能用于湿样测定项目和硫化物等样品的贮存，应采用不透明的棕色广口玻璃瓶作容器。用于分析有机物的沉积物样品应置于棕色玻璃瓶中。测痕量金属的沉积物样品用聚四氟乙烯容器。聚乙烯袋要使用新袋，不得印有任何标志和字迹。样品瓶和聚乙烯袋预先用硝酸溶液(1+2)泡2～3天，用去离子水淋洗干净，晾干。

26.3　步骤

(1)样品采集：将绳索与采泥器连接牢固，将采泥器放入水中预定位置后根据采泥器操作说明采集表层底泥后，拉回采样器。

(2)样品收集：用干净的勺将底质样品装入容器，密封保存。在容器上标记样品编号、名称等。

(3)样品登记：样品瓶事先编号，装样后贴标签，并用特种铅笔将站号及层次写在样品瓶上，以免标签脱落弄乱样品。塑料袋上需贴胶布，用记号笔注明站号和层次，并将写好的标签放入袋中，扎口封存。认真做好采样现场记录。现场采样记录应包括采样时间、地点、工具、样品编号、深度、位置、样品容器、运输及保存方式。

(4)样品保存：凡装样的广口瓶均需用氮气充满瓶中空间，放置阴冷处，最好低温冷藏。一般情况下也可以将样品放置阴暗处保存。

26.4　要求及注意事项

(1)注意采集有代表性的样品。

(2)由采样器中取样应使用非金属器具，避免取已接触采样器内壁的沉积物。采样和分装样应防止采样装置带来的玷污和已采集样品间的交叉玷污。

26.5　考核

参见实训一。

26.6　思考题

(1)怎样采集具有代表性的底质样品？

(2)底质样品的采集和保存方式与后续测量项目有何联系？

实训二十七 底质样品中总有机碳的测定

27.1 目标

(1)掌握底质中总有机碳的测定方法。

(2)了解底质有机碳含量对水产养殖的影响。

27.2 实训材料与方法

27.2.1 底质中有机碳测定方法

重铬酸钾氧化—还原容量法。

方法原理:在浓硫酸介质中,加入一定量的标准重铬酸钾,在加热条件下将样品中的有机碳氧化成二氧化碳,剩余的重铬酸钾用硫酸亚铁标准溶液回滴,按重铬酸钾的消耗量,计算样品中有机碳的含量。

27.2.2 试剂

(1)磷酸溶液(1+1):1 体积磷酸(H_3PO_4,ρ=1.69 g/L)缓慢倒入 1 体积的水中,混匀。

(2)重铬酸钾—硫酸标准溶液(0.400 mol/L):称取 19.615 g 重铬酸钾(K_2CrO_4,优级纯,研细并 120℃下烘烤 4 h,保存于干燥器中)于 1 L 烧杯中,并加入 250 mL 水,微热溶解,冷后,在不断搅拌及冷却下,沿杯壁缓缓注入 500 mL 硫酸(H_2SO_4,ρ=1.84 g/mL,优级纯),冷却后全量转入 1 000 mL 容量瓶中,并加水至标线,混匀。

(3)硫酸亚铁标准溶液(0.2 mol/L):称取 56 g 硫酸亚铁($Fe_2SO_4 \cdot 7H_2O$)或 80 g 硫酸亚铁铵[$(NH_4)_2SO_4 \cdot FeSO_4 \cdot 6H_2O$]溶于 500 mL 水中,在不断搅拌下,沿杯壁注入 20 mL 硫酸(H_2SO_4,ρ=1.84 g/mL,优级纯),冷却后用水稀释至 1 L,转入棕色试剂瓶中待标定。

标定:各取 10.00 mL 重铬酸钾—硫酸标准溶液于 6 个 250 mL 锥形瓶中,加水 70 mL,加入磷酸溶液 5 mL,用硫酸亚铁标准溶液滴定至黄色大部分褪去,加入 2~3 滴苯基代邻氨基苯甲酸指示剂溶液,继续滴定至溶液由紫色突变为绿色即为终点。按下式计算硫酸亚铁标准溶液的浓度:

$$c(FeSO_4)=\frac{c_1V_1}{V}$$

式中,$c(FeSO_4)$—硫酸亚铁标准溶液的浓度,mol/L;

c_1—重铬酸钾—硫酸标准溶液的浓度,mol/L;

V_1—重铬酸钾—硫酸标准溶液的体积,mL;

V—硫酸亚铁标准溶液的体积,mL。

(4)苯基代邻氨基苯甲酸指示剂(钒试剂)溶液(10 g/L):称取 0.5 g 苯基代邻氨基苯甲酸($C_6H_6NHC_6H_4COOH$)溶解于 50 mL 碳酸钠溶液中(Na_2CO_3,2 g/L)。

(5)硫酸银(Ag_2SO_4)。

27.2.3　仪器和设备

(1)硬质玻璃管:18 mm×160 mm。

(2)油浴锅:内盛液体石蜡或植物油。

(3)铁丝笼:内插试管用。

(4)其他实验室常用仪器和设备:滴定管、容量瓶等。

27.3　步骤

27.3.1　样品分析步骤

(1)称取 0.1 ~0.5 g(±0.000 1 g)风干的样品于试管中,加 0.1 g 硫酸银、10.00 mL 重铬酸钾—硫酸标准溶液,在加入 1~3 mL 上述溶液时,应将样品摇散,勿使结块。在试管口放一小漏斗,以防止加热时溶液溅出。

(2)将一批试管插入铁丝笼中(内有空白样 2 个:经 500℃左右焙烧 2 h 后,研磨至 80 目的沉积物样品),将铁丝笼置于(185~190)℃油浴锅中,于(175±5)℃加热,待试管内容物沸腾 5 min 后,取出铁丝笼,将试管外壁的油液擦干净。

(3)将试管内的溶液及残渣倒入 250 mL 锥形瓶中,将冲洗小漏斗及试管的水洗液并入锥形瓶中(控制总体积为 60~70 mL)。加入 5 mL 磷酸溶液,用硫酸亚铁标准溶液滴定至黄色大部分褪去,加入 2~3 滴苯基代邻氨基苯甲酸指示剂溶液,继续滴定至溶液由紫色突变为绿色即为终点。

27.3.2　结果计算

按下式计算底质样中有机碳的含量:

$$w_{OC}=\frac{c(V_1-V_2)\times 0.0030}{M(1-w_{H_2O})}\times 100$$

式中,w_{OC}—沉积物干样中有机碳的含量(质量百分数),%;

c—硫酸亚铁标准溶液的浓度,mol/L;

V_1—滴定空白样时,硫酸亚铁标准溶液的用量,mL;

V_2—滴定样品时,硫酸亚铁标准溶液的用量,mL;

M—样品的称取量,g;

w_{H_2O}—风干样品的含水率(质量分数),%。

27.4　要求及注意事项

(1)称样量的说明:视有机碳含量而定,含量在 5%~15%时,称取 0.1 g;含量在 1%~5%时,称取 0.3 g;含量小于 1 %时,称取 0.5 g。

(2)注意勿将样品粘在试管上,否则,测定结果易偏低。

(3)消化后的溶液应为黄色、黄褐色或黄绿色,如以绿色为主,则说明氧化不完全,应减少称重量,重新测定。

27.5　考核

参见实训一。

27.6 案例

在集约化养殖条件下，大量投饵的残饵、动物粪便、死亡的藻类等都会沉淀在池塘底部，有机物含量过高，导致底部经常发生恶化现象，造成水质败坏。这些物质强烈亲氧，它们会消耗掉水中的氧气，这就好比把这些“债务”还清后才有可能让池塘底部溶解氧提高。“氧债”越高，对鱼虾蟹的生长就越有威胁。“氧债”的存在是水质恶化、缺氧浮头的主要原因。另外，有机物质也会分解产生大量的中间产物，如氨氮、硫化氢、甲烷、氢、有机酸、亚硝酸盐等，这些物质大多对鱼虾蟹有着很大的毒性作用。它们在水中会不断积累，轻则影响鱼虾蟹的生长，饵料系数增大，养殖成本上升；重则引起中毒和泛塘，对养殖生产造成巨大的经济损失。同时，底质淤泥中有机物会发酵产生有机酸和无机酸，使底质和水质酸化，pH 值明显下降，而 pH 值对鱼虾蟹呼吸等有很大的影响，造成新陈代谢下降，生长发育停滞等，成为健康养殖的障碍。

27.7 思考题

(1)底质总有机碳的测量原理是什么？

(2)为什么用 500℃高温焙烧 2 小时的样品作为空白样品？

实训二十八 底质样品中油类的测定

28.1 目标

(1)掌握荧光分光度法测定底质样品中油类。

(2)了解底质油类污染对养殖生物的危害。

28.2 实训材料与方法

28.2.1 测定方法

底质样品中油类的测定方法采用荧光分光光度法测定。

方法原理为:沉积物风干样中的油类经石油醚萃取,用激发波长 310 nm 照射,于 360 nm 波长处测定相对荧光强度,其相对荧光强度与石油醚中芳烃的浓度成正比。

28.2.2 试剂

(1)活性炭:60 目(250 μm)层析用粒状活性炭。

(2)石油醚:沸点范围 60~90℃。

(3)盐酸(HCl):ρ=1.19 g/mL。

(4)氢氧化钠(NaOH)。

(5)盐酸溶液(2 mol/L):在搅拌下将 168 mL 盐酸(3)与 1 000 mL 蒸馏水混合。

(6)氢氧化钠溶液(2 mol/L):称取 80 g 氢氧化钠(4)溶于水中,加水至 1 000 mL。

(7)活性炭的处理:取 1 000 g 活性炭(1)于烧杯中,用盐酸溶液(5)浸泡 2 h,依次用自来水、蒸馏水冲洗至中性。倾出水分后,用氢氧化钠(4)浸泡 2 h,依次用自来水、蒸馏水冲洗至中性,于 100℃烘干。将烘干的活性炭放入瓷坩埚中,盖好盖子,于 500℃高温炉内活化 2 h。炉温降至 50℃左右时,取出放入干燥器中,待用。

(8)活性炭层析柱的制备:将玻璃层析柱清洗干净后,自然干燥,柱头先装入少许玻璃毛或脱脂棉。将处理的活性炭放入烧杯中,用石油醚充分浸泡,排尽活性炭中的空气,边搅拌边倒入玻璃层析柱中,装柱时要注意避免出现气泡。

(9)脱芳石油醚:将石油醚倾入层析柱中,初始流出的石油醚质量较差,注意检查流程石油醚的相对荧光强度,当其小于标准油品(0.1 mg/mL)相对荧光强度的 1%时,以每分钟 60~100 滴的流速收集石油醚于清洁玻璃容器中,混匀后分装于试剂瓶中,待用。

(10)油标准贮备溶液(1.00 mg/mL):准确称取 0.100 g 标准油于称量瓶中,用脱芳石油醚(9)溶解,全量移入 100 mL 容量瓶中,用脱芳石油醚(9)稀释至标线,混匀。

(11)油标准使用溶液(100 μg/mL):移取 5.00 mL 油标准贮备溶液(10)于 50 mL 容量瓶中,用脱芳石油醚(9)稀释至标线,混匀。

28.2.3 仪器和设备

(1)荧光分光光度计。

(2)容量瓶:容量 10 mL、30 mL、1 000 mL。

(3)移液管:容量 10 mL、20 mL。

(4)烧杯:容量 50 mL、1 000 mL。

(5)具塞比色管:容量 20 mL。

(6)玻璃层析柱:直径 25 mm,长度 900 mm。

(7)一般实验室常备仪器及设备。

28.3 步骤

28.3.1 绘制标准曲线

(1)分别量取 0 mL、0.20 mL、0.60 mL、1.00 mL、1.40 mL、1.80 mL 油标准使用溶液(11)于 6 支 20 mL 具塞比色管中,用脱芳石油醚(9)稀释至标线,混匀。

(2)依次用 1 cm 石英测定池,按选定的仪器测定参数,以脱芳石油醚(9)作参比,测定 360 nm 处的荧光强度(I_a和 I_b)。

(3)以荧光强度(I_a和 I_b)为纵坐标,相应油浓度为横坐标,绘制标准曲线。

28.3.2 样品的测定

称取 0.3 g~2.0 g(±0.000 1 g)风干的沉积物样品于 20 mL 具塞比色管中,加脱芳石油醚(9)至标线,塞紧管塞强烈振荡 2 min,于室温下放置 1 h 后,再强烈振荡 2 min,静置浸泡 5 h,其间不时摇动,制成样品浸取液。移取上清液于 1 cm 石英测定池中,按规定的仪器测定参数,测定样品的荧光强度(I_a)及分析空白荧光强度(I_b),以 I_a-I_b的值从标准曲线上查出相应的油的浓度(μg/mL)。

28.3.3 结果计算

按下式计算沉积物干样中油类的含量:

$$w_{oil}=\frac{\rho \cdot V}{M(1-w_{H_2O})}$$

式中,w_{oil}—沉积物干样中油类的含量(质量分数),10^{-5};

ρ—从标准曲线上查得的油的浓度,μg/mL;

V—样品浸取液的体积,mL;

M—样品的称取量,g;

w_{H_2O}—风干样的含水率(质量分数),%。

28.4 要求及注意事项

本方法的重复性相对标准偏差为 2.9%,再现性相对标准偏差为 4.3%,相对误差为 4.0%。操作过程中注意以下事项:

(1)整个操作程序应严防玷污。

(2)玻璃容器用过后用硝酸溶液(1+1)浸泡并洗涤、烘干。

(3)判断石油醚的质量标准:经过脱芳处理的石油醚,荧光强度与最大的瑞利散射峰强度比不大于 2%。

28.5 考核

参见实训一。

28.6 案例

石油工业废水的排放、油船失事、油管破裂等原因可造成水体油污染。石油中溶于水的成分还易被吸附在悬浮颗粒上，凝聚后沉入水底。石油沾在鱼鳃上可使鱼窒息死亡，沉入水底的石油可使底栖生物窒息死亡。

28.7 思考题

沉积物中石油浸提过程受什么影响？怎样评估浸提效率？

模块五　水体污染物的测定及调控

实训二十九 重金属(汞、铅等)的测定

29.1　目标

(1)了解水体重金属污染物对养殖生物的危害。

(2)掌握水中总汞的测定方法。

29.2　实训材料与方法

29.2.1　水中总汞的测定

用国家标准方法:冷原子吸收分光光度法(HJ 597—2011)。

该方法原理为:在加热条件下,用高锰酸钾和过硫酸钾在硫酸—硝酸介质中消解样品,或用溴酸钾—溴化钾混合剂在硫酸介质中消解样品,或在硝酸—盐酸介质中用微波消解仪消解样品。消解后的样品中所含汞全部转化为二价汞,用盐酸羟胺将过剩的氧化剂还原,再用氯化亚锡将二价汞还原成金属汞。在室温下通入空气或氮气,将金属汞气化,载入冷原子吸收汞分析仪,于 253.7 nm 波长处测定响应值,汞的含量与响应值成正比。

29.2.2　试剂

(1)无汞水:一般使用二次重蒸水或去离子水,也可使用加盐酸(4)酸化至 pH=3,然后通过巯基棉纤维管除汞后的普通蒸馏水。

(2)重铬酸钾($K_2Cr_2O_7$):优级纯。

(3)浓硫酸[$\rho(H_2SO_4)=1.84$ g/mL],优级纯。

(4)浓盐酸[$\rho(HCl)=1.19$ g/mL],优级纯。

(5)浓硝酸[$\rho(HNO_3)=1.42$ g/mL],优级纯。

(6)硝酸溶液(1+1):量取 100 mL 浓硝酸(5),缓慢倒入 100 mL 水(1)中。

(7)高锰酸钾溶液[$\rho(KMnO_4)=50$ g/L]:称取 50 g 高锰酸钾(优级纯,必要时重结晶精制)溶于少量水(1)中,然后用水(1)定容至 1 000 mL。

(8)过硫酸钾溶液[$\rho(K_2S_2O_8)=50\ g/L$]:称取 50 g 过硫酸钾溶于少量水(1)中,然后用水(1)定容至 1 000 mL。

(9)溴酸钾—溴化钾溶液(简称溴化剂)[$c(KBrO_3)=0.1\ mol/L$,$\rho(KBr)=10\ g/L$]:称取 2.784 g 溴酸钾(优级纯)溶于少量水(1)中,加入 10 g 溴化钾,溶解后用水(1)定容至 1 000 mL,置于棕色试剂瓶中保存。若见溴释出,应重新配制。

(10)巯基棉纤维:于棕色磨口广口瓶中依次加入 100 mL 硫代乙醇酸($CH_2SHCOOH$)、60 mL 乙酸酐[$(CH_3CO)_2O$]、40 mL 36%乙酸(CH_3COOH)、0.3 mL 浓硫酸(3),充分混匀,冷却至室温后,加入 30 g 长纤维脱脂棉,铺平,使之浸泡完全,用水冷却,待反应产生的热散去后,加盖,放入(40±2)℃烘箱中 2~4 天后取出。用耐酸过滤器抽滤,用水(1)充分洗涤至中性后,摊开,于 30~35℃下烘干。成品置于棕色磨口广口瓶中,避光低温保存。

(11)盐酸羟胺溶液[$\rho(NH_2OH \cdot HCl)=200\ g/L$]:称取 200 g 盐酸羟胺溶于适量水(1)中,然后用水(1)定容至 1 000 mL。该溶液常含有汞,应提纯。当汞含量较低时,采用巯基棉纤维管除汞法;当汞含量较高时,先按萃取除汞法除掉大量汞,再按巯基棉纤维管除汞法除尽汞。

巯基棉纤维管除汞法:在内径 6~8 mm、长约 100 mm、一端拉细的玻璃管,或 500 mL 分液漏斗放液管中,填充 0.1~0.2 g 巯基棉纤维(10),将待净化试剂以 10 mL/min 速度流过一至二次即可除尽汞。

萃取除汞法:量取 250 mL 盐酸羟胺溶液(11)倒入 500 mL 分液漏斗中,每次加入 0.1 g/L 双硫腙($C_{13}H_{12}N_4S$)的四氯化碳(CCl_4)溶液 15 mL,反复进行萃取,直至含双硫腙的四氯化碳溶液保持绿色不变为止。然后用四氯化碳萃取,以除去多余的双硫腙。

(12)氯化亚锡溶液[$\rho(SnCl_2)=200\ g/L$]:称取 20 g 氯化亚锡($SnCl_2 \cdot 2H_2O$)于干燥的烧杯中,加入 20 mL 浓盐酸(4),微微加热。待完全溶解后,冷却,再用水(1)稀释至 100 mL。若含有汞,可通入氮气或空气去除。

(13)重铬酸钾溶液[$\rho(K_2Cr_2O_7)=0.5\ g/L$]:称取 0.5 g 重铬酸钾(2)溶于 950 mL 水(1)中,再加入 50 mL 浓硝酸(5)。

(14)汞标准贮备液[$\rho(Hg)=100\ mg/L$]:称取置于硅胶干燥器中充分干燥的 0.135 4 g 氯化汞($HgCl_2$),溶于重铬酸钾溶液(13)后,转移至 1 000 mL 容量瓶中,再用重铬酸钾溶液(13)稀释至标线,混匀。也可购买有证标准溶液。

(15)汞标准中间液[$\rho(Hg)=10.0\ mg/L$]:量取 10.00 mL 汞标准贮备液(14)至 100 mL 容量瓶中,用重铬酸钾溶液(13)稀释至标线,混匀。

(16)汞标准使用液Ⅰ[$\rho(Hg)=0.1\ mg/L$]:量取 10.00 mL 汞标准中间液(15)至 1 000 mL 容量瓶中,用重铬酸钾溶液(13)稀释至标线,混匀。室温阴凉处放置,可稳定 100 d 左右。

(17)汞标准使用液Ⅱ[$\rho(Hg)=10\ \mu g/L$]:量取 10.00 mL 汞标准使用液Ⅰ(16)至 100 mL 容量瓶中,用重铬酸钾溶液(13)稀释至标线,混匀。临用现配。

(18)稀释液:称取 0.2 g 重铬酸钾(2)溶于 900 mL 水(1)中,再加入 27.8 mL 浓硫酸(3),用水(1)稀释至 1 000 mL。

(19)仪器洗液:称取 10 g 重铬酸钾(2)溶于 9 L 水中,加入 1 000 mL 浓硝酸(5)。

29.2.3 仪器和设备

(1)冷原子吸收汞分析仪，具空心阴极灯或无极放电灯。

(2)反应装置：总容积为250、500 mL，具有磨口，带莲蓬形多孔吹气头的玻璃翻泡瓶，或与仪器相匹配的反应装置。

(3)微波消解仪：具有升温程序功能。

(4)可调温电热板或高温电炉。

(5)恒温水浴锅：温控范围为室温至100℃。

(6)微波消解罐。

(7)样品瓶：500 mL、1 000 mL，硼硅玻璃或高密度聚乙烯材质。

(8)一般实验室常用仪器和设备。

29.3 步骤

29.3.1 样品的采集和保存

采集水样时，样品应尽量充满样品瓶，以减少器壁吸附。工业废水和生活污水样品采集量应不少于500 mL，地表水和地下水样品采集量应不少于1 000 mL。

采样后应立即以每升水样中加入10 mL浓盐酸(4)的比例对水样进行固定，固定后水样的pH值应小于1，否则应适当增加浓盐酸(4)的加入量，然后加入0.5 g重铬酸钾(2)，若橙色消失，应适当补加重铬酸钾(2)，使水样呈持久的淡橙色，密塞，摇匀。在室温阴凉处放置，可保存1个月。

29.3.2 试样的制备

根据样品特性可以选择以下三种方法制备试样。

29.3.2.1 高锰酸钾—过硫酸钾消解法

略。

29.3.2.1.1 近沸保温法

该消解方法适用于地表水、地下水、工业废水和生活污水。

(1)样品摇匀后，量取100.0 mL样品移入250 mL锥形瓶中。若样品中汞含量较高，可减少取样量并稀释至100 mL。

(2)依次加入2.5 mL浓硫酸(3)、2.5 mL硝酸溶液(6)和4 mL高锰酸钾溶液(7)，摇匀。若15 min内不能保持紫色，则需补加适量高锰酸钾溶液(7)，以使颜色保持紫色，但高锰酸钾溶液总量不超过30 mL。然后，加入4 mL过硫酸钾溶液(8)。

(3)插入漏斗，置于沸水浴中在近沸状态保温1 h，取下冷却。

(4)测定前，边摇边滴加盐酸羟胺溶液(11)，直至刚好使过剩的高锰酸钾及器壁上的二氧化锰全部褪色为止，待测。

注1：当测定地表水或地下水时，量取200.0 mL水样置于500 mL锥形瓶中，依次加入5 mL浓硫酸(3)、5mL硝酸溶液(6)和4 mL高锰酸钾溶液(7)，摇匀。其他操作按照上述步骤进行。

29.3.2.1.2 煮沸法

该消解方法适用于含有机物和悬浮物较多、组成复杂的工业废水和生活污水。

(1)按照29.3.1量取样品，按照29.3.2.1.1中(2)加入试剂。

(2)向锥形瓶中加入数粒玻璃珠或沸石，插入漏斗，擦干瓶底，然后用高温电炉或可调温电热板加热煮沸 10 min，取下冷却。

(3)按照 29.3.2.1.1 中(4)进行操作。

29.3.2.2　溴酸钾—溴化钾消解法

该消解方法适用于地表水、地下水，也适用于含有机物(特别是洗净剂)较少的工业废水和生活污水。

(1)样品摇匀后，量取 100.0 mL 样品移入 250 mL 具塞聚乙烯瓶中。若样品中汞含量较高，可减少取样量并稀释至 100 mL。

(2)依次加入 5 mL 浓硫酸(3)、5 mL 溴化剂(9)，加塞，摇匀，20℃以上室温放置 5 min 以上。试液中应有橙黄色溴释出，否则可适当补加溴化剂(9)。但每 100 mL 样品中最大用量不应超过 16 mL。若仍无溴释出，则该消解方法不适用，可改用 29.3.2.1.2 或 29.3.2.3 进行消解。

(3)测定前，边摇边滴加盐酸羟胺溶液(11)还原过剩的溴，直至刚好使过剩的溴全部褪色为止，待测。

注 2：当测定地表水或地下水时，量取 200.0 mL 样品置于 500 mL 锥形瓶中，依次加入 10 mL 浓硫酸(3)和 10 mL 溴化剂(9)。其他操作按照上述步骤进行。

29.3.2.3　微波消解法

该方法适用于含有机物较多的工业废水和生活污水。

(1)样品摇匀后，量取 25.0 mL 样品移入微波消解罐中。若样品中汞含量较高，可减少取样量并稀释至 25 mL。

(2)依次加入 2.5 mL 浓硝酸(5)和 2.5 mL 浓盐酸(4)，摇匀，加塞，室温静置 30～60 min。若反应剧烈则适当延长静置时间。

(3)将微波消解罐放入微波消解仪中，按照表 1 推荐的升温程序进行消解。消解完毕后，冷却至室温，转移消解液至 100 mL 容量瓶中，用稀释液(18)定容至标线，待测。

表 1　微波消解程序升温

步骤	最大功率/W	功率/%	升温时间/min	压力/psi	温度/℃	保持时间/min
1	1 200	100	5	—	120	2
2	1 200	100	5	—	150	2
3	1 200	100	5	—	180	5

29.3.2.4　空白试样的制备

用水(1)代替样品，按照 29.3.2 步骤制备空白试样，并把采样时加的试剂量考虑在内。

29.3.3　分析步骤

29.3.3.1　仪器调试

按照仪器说明书进行调试。

29.3.3.2　校准曲线的绘制

29.3.3.2.1　高浓度校准曲线的绘制

(1)分别量取 0.00、0.50、1.00、1.50、2.00、2.50、3.00 和 5.00 mL 汞标准使用液

Ⅰ(16),于 100 mL 容量瓶中,用稀释液(18)定容至标线,总汞质量浓度分别为 0.00、0.50、1.00、1.50、2.00、2.50、3.00 和 5.00 μg/L。

(2)将上述标准系列依次移至 250 mL 反应装置中,加入 2.5 mL 氯化亚锡溶液(12),迅速插入吹气头,由低浓度到高浓度测定响应值。以零浓度校正响应值为纵坐标,对应的总汞质量浓度(μg/L)为横坐标,绘制校准曲线。

注 1:高浓度校准曲线适用于工业废水和生活污水的测定。

29.3.3.2.2　低浓度校准曲线的绘制

(1)分别量取 0.00、0.50、1.00、2.00、3.00、4.00 和 5.00 mL 汞标准使用液Ⅱ(17)于 200 mL 容量瓶中,用稀释液(18)定容至标线,总汞质量浓度分别为 0.000、0.025、0.050、0.100、0.150、0.200 和 0.250 μg/L。

(2)将上述标准系列依次移至 500 mL 反应装置中,加入 5 mL 氯化亚锡溶液(12),迅速插入吹气头,由低浓度到高浓度测定响应值。以零浓度校正响应值为纵坐标,对应的总汞质量浓度(μg/L)为横坐标,绘制校准曲线。

注 2:低浓度校准曲线适用于地表水和地下水的测定。

29.3.3.3　测定

测定工业废水和生活污水样品时,将待测试样转移至 250 mL 反应装置中,按照 29.3.3.2.1 中(2)测定;测定地表水和地下水样品时,将待测试样转移至 500 mL 反应装置中,按照 29.3.3.2.2 测定。

29.3.3.4　空白试验

按照与试样测定相同步骤进行空白试样的测定。

29.3.4　结果计算

样品中总汞的质量浓度 ρ(μg/L),按照下式进行计算。

$$\rho=\frac{(\rho_1-\rho_0)\times V_0}{V}\times\frac{V_1+V_2}{V_1}$$

式中,ρ—样品中总汞的质量浓度,μg/L;

ρ_1—根据校准曲线计算出试样中总汞的质量浓度,μg/L;

ρ_0—根据校准曲线计算出空白试样中总汞的质量浓度,μg/L;

V_0—标准系列的定容体积,mL;

V_1—采样体积,mL;

V_2—采样时向水样中加入浓盐酸体积,mL;

V—制备试样时分取样品体积,mL。

当测定结果小于 10 μg/L 时,保留到小数点后两位;大于等于 10 μg/L 时,保留三位有效数字。

29.4　要求及注意事项

(1)废物处理:试验过程中产生的残渣、废液不能随意倾倒,应妥善处理。

(2)试验所用试剂(尤其是高锰酸钾)中的汞含量对空白试验测定值影响较大。因此,试验中应选择汞含量尽可能低的试剂。

(3)在样品还原前,所有试剂和试样的温度应保持一致(<25℃)。环境温度低于 10℃

时，灵敏度会明显降低。

（4）汞的测定易受到环境中的汞污染，在汞的测定过程中应加强对环境中汞的控制，保持清洁，加强通风。

（5）汞的吸附或解吸反应易在反应容器和玻璃器皿内壁上发生，故每次测定前应采用仪器洗液（19）将反应容器和玻璃器皿浸泡过夜后，用水（1）冲洗干净。

29.5　考核

参见实训一。

29.6　案例

江苏省环境监测中心的调查显示，水产品样品中有四成左右重金属含量超标，其中27%受到中度至重度污染，14%受到了轻污染。太湖的主要水产品出现的超标项目为镉，鲢鱼污染最为严重，镉含量超标1.2倍，达到了中污染级；其次为鲤鱼、鲫鱼和蟹，受到了轻度污染，太湖著名的白鱼和虾还保持着清洁和尚清洁级。污染最重的是常州滆湖，调查品种为鲫鱼，污染级别在清洁至重污染之间，主要污染物为铅和汞。对近海渔场和沿岸海水养殖区的监测显示，海产品生物质量略好于淡水水产品。然而，南通海域的文蛤达到了重污染级，杂色蛤和大竹蛏受到中度污染；海域的毛蚶铅超标，达到了中污染级。从这次调查的整体情况来看，贝类、甲壳类、大型鱼类生物体污染物含量偏高，在一定程度上影响了食品安全。

外在环境受到污染是水产品重金属含量超标的重要原因，江苏省环境监测中心表示，重金属污染对水产养殖业的影响令人担忧。近年来，江苏省沿海及部分水产区周围经济进一步发展，以电器、电子、五金、食品加工、化工等行业为龙头带动了一批污染型的小加工企业、家庭作坊涌现，其中一部分属于“十五小”企业。这些企业大多设备简陋陈旧，工艺落后，经营粗放，致使环境污染特别是水污染日趋严重。同时多数简易垃圾场都靠近水域或海边设置，各种固体废弃物和生活垃圾经风吹日晒雨淋后内部发酵，产生成分复杂的二次污水。在没有完善设施的条件下，这些污水流入海域，污染水质，进而影响水产品养殖。另外，水产品养殖基地自身也有很大责任。放养量过大，超出了海区或水域的自然承受能力，使得天然饵料资源不能满足需求，高密度养殖方式加剧了这些水产品生长环境的恶化；而且养殖时网目过密，水体交换不流畅，也造成了污染物的囤积；一些养殖户还在养殖滩涂上随意施用农药，部分水产饲料内包含具有催化作用的添加剂。

29.7　思考题

（1）水中重金属的来源有哪些？怎样防止水体受到重金属污染？

（2）重金属水样采集和保持应注意什么？

实训三十 有机磷或有机氯农药的测定

30.1 目标

(1)掌握有机磷农药的测定方法。

(2)了解水体农业污染的来源和对养殖生物的危害。

30.2 实训材料与方法

有机磷和有机氯农药都用气相色谱法测定。本实训以有机磷农药为例学习其测定方法。水体中有机磷农药的测定方法用国家标准方法(标准号 GB/T 14552-2003)——气相色谱法,能够测定速灭磷(mevinphos)、甲拌磷(phorate)、二嗪磷(diazinon)、异稻瘟净(iprobenfos)、甲基对硫磷(parathion-methyl)、杀螟硫磷(fenitrothion)、溴硫磷(bromophos)、水胺硫磷(isocarbophos)、稻丰散(phenthoate)、杀扑磷(methidathion)等多组分残留量。

测定原理:水样中有机磷农药残留量采用有机溶剂提取,再经液—液分配和凝结净化步骤除去干扰物,用气相色谱氮磷检测器(NPD)或火焰光度检测器(FPD)检测,根据色谱峰的保留时间定性,外标法定量。

30.2.1 试剂和材料

(1)载气和辅助气体

载气:氮气,纯度 99.99%。

燃气:氢气。

助燃气:空气。

(2)配制标准样品和试样分析的试剂和材料

所使用的试剂除另有规定外均系分析纯。

农药标准品:速灭磷等有机磷农药,纯度为 95.0%~99.0%。

农药标准溶液的制备:准确称取一定量的农药标准样品(准确到±0.000 1 g),用丙酮为溶剂,分别配制浓度为 0.5 mg/mL 的速灭磷、甲拌磷、二嗪磷、水胺硫磷、甲基对硫磷、稻丰散,及浓度为 0.7 mg/mL 的杀螟硫磷、异稻瘟净、溴硫磷、杀扑磷储备液,在冰箱中存放。

农药标准中间溶液的配制:用移液管准确量取一定量的上述 10 种储备液于 50 mL 容量瓶中用丙酮定容至刻度,配制成浓度为 50 μg/mL 的速灭磷、甲拌磷、二嗪磷、水胺硫磷、甲基对硫磷、稻丰散和 100 μg/mL 的杀螟硫磷、异稻瘟净、溴硫磷、杀扑磷的标准中间溶液,在冰箱中存放。

农药标准工作液的配制:分别用移液管吸取上述中间溶液每种 10 mL 于 100 mL 容量瓶中,用丙酮定容至刻度,得混合标准工作溶液。标准工作溶液在冰箱中存放。

丙酮(CH_3COCH_3),重蒸。

石油醚,60~90℃ 沸腾,重蒸。

二氯甲烷(CH_2Cl_2),重蒸。

乙酸乙酯($CH_3COOC_2H_5$)。

氯化钠(NaCl)。

无水硫酸钠(Na_2SO_4),300℃烘 4 h 后放入干燥器备用。

助滤剂 Celite 545。

磷酸(H_3PO_4),85%。

氯化铵(NH_4Cl)。

凝结液:20 g 氯化铵和 85%磷酸 40 mL,溶于 400 mL 蒸馏水中,用蒸馏水定容至 2 000 mL,备用。

30.2.2　仪器

振荡器、旋转蒸发器、真空泵、水浴锅、微量进样器。

气相色谱仪:带氮磷检测器或火焰光度检测器,备有填充柱或毛细管柱。

30.3　步骤

30.3.1　样品的采集与贮存方法

用磨口玻璃瓶取水(1 000 mL)之前,先用水样冲洗样品瓶 2 次~3 次,取水后在 4℃冰箱中保存,备用。

30.3.2　分析步骤

30.3.2.1　提取及净化

取 100.0 mL 水样于分液漏斗中,加入 50 mL 丙酮振摇 30 次,取出 100 mL,相当于样品量的三分之二,移入另一 500 mL 分液漏斗中,加入 10~15 mL 凝结液[用浓度为 0.5 mol/L 的氢氧化钾(KOH)溶液调至 pH 值为 4.5~5.0]和 1 g 助滤剂,振摇 20 次,静置 3 min。过滤入另一 500 mL 分液漏斗中,加 3 g 氯化钠,用 50 mL、50 mL、30 mL 二氯甲烷萃取三次。合并有机相,经一装有 1 g 无水硫酸钠和 1 g 助滤剂的筒形漏斗过滤,收集于 250 mL 平底烧瓶中,加入 0.5 mL 乙酸乙酯,先用旋转蒸发器浓缩至 3 mL,在室温下用氮气或空气吹浓缩至近干,用丙酮定容至 5 mL,供气相色谱测定。

30.3.2.2　气相色谱测定条件

(1)柱

①玻璃柱:1.0 m×2 mm(i.d),填充涂有 5%OV-17 的 Chrom Q,80~100 目的担体。

②玻璃柱:1.0 m×2 mm(i.d),填充涂有 5%OV-17 的 Chromsorb W-HP,100~120 目的担体。

(2)温度

柱箱 200℃,汽化室 230℃,检测器 250℃。

(3)气体流速

氮气(N_2)36~40 mL/min;氢气(H_2)4.5~6 mL/min;空气 60~80 mL/min。

(4)检测器

氮磷检测器(NPD)。

30.3.2.3　进样

进样方式:注射器进样。

进样量:1~4 μL。

30.3.2.4 定性分析

色谱图如图1所示，组分的色谱峰顺序：速灭磷、甲拌磷、二嗪磷、异稻瘟净、甲基对硫磷、杀螟硫磷、水胺硫磷、澳硫磷、稻丰散、杀扑磷。

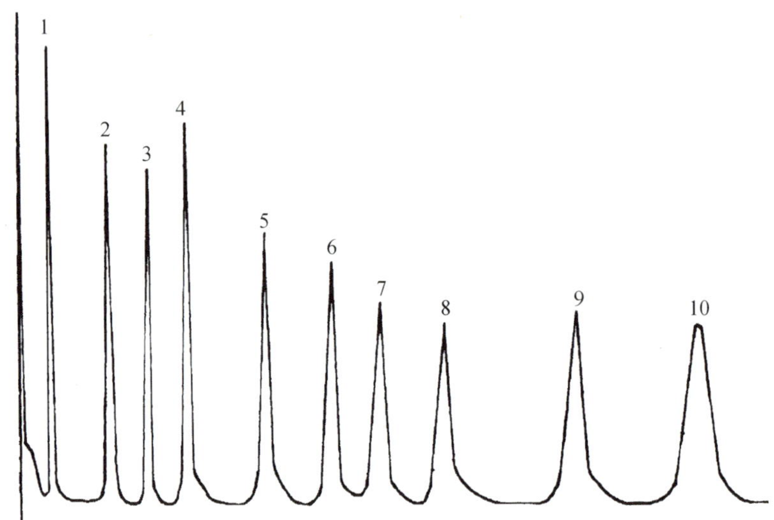

1—速灭磷；
2—甲拌磷；
3—二嗪磷；
4—异稻瘟净；
5—甲基对硫磷；
6—杀螟硫磷；
7—水胺硫磷；
8—澳硫磷；
9—稻丰散；
10—杀扑磷

图1 有机磷色谱图

30.3.2.5 定量分析

吸取1 mL混合标准溶液注入气相色谱仪，记录色谱峰的保留时间和峰高（或峰面积）。再吸取1 mL试样，注入气相色谱仪，记录色谱峰的保留时间和峰高（或峰面积），根据色谱峰的保留时间和峰高（或峰面积）采用外标法定性和定量。

30.3.3 计算

$$X=\frac{c_i \times V_{is} \times H_i(S_i) \times V}{V_i \times H_{is}(S_{is}) \times m}$$

式中，X—样本中农药残留量，mg/kg或mg/L；

c_i—标准溶液中i组分农药浓度，μg/mL；

V_{is}—标准溶液进样体积，μL；

V—样本溶液最终定容体积，mL；

V_i—样本溶液进样体积，μL；

$H_{is}(S_{is})$—标准溶液中i组分农药的峰高，mm，或峰面积，mm^2；

$H_i(S_i)$—样本溶液中i组分农药的峰高，mm，或峰面积，mm^2；

m—称样质量，g（这里只用提取液的2/3，应乘2/3）。

30.4 要求及注意事项

结果的表示：

定性结果：根据标准样品色谱图各组分的保留时间来确定被测试样中各有机磷农药的组分。

定量结果：含量表示方法，计算出各组分的含量，结果以 mg/kg 或 mg/L 表示。

30.5 考核

参见实训一。

30.6 案例

农药的品种根据防治对象分为杀虫剂、杀螨剂、杀菌剂、杀线虫剂、除草剂、杀鼠剂几类。常用的杀虫剂(包括杀螨剂在内)有乐果、毒死蜱、敌百虫、辛硫磷、抗蚜威、丁硫克百威、天王星、高效氟氯菊酯、顺式氰戊菊酯、甲氰菊酯、顺式氯氰菊酯、氟氯氰菊酯、高效氯氰菊酯、噻嗪酮、虫螨腈、抑太保、农梦特、灭幼脲、阿维菌素、苏云金杆菌、莱喜、锐劲特、农地乐、尼索朗、克螨特。

目前我国渔业上抗寄生虫药物主要有以下几类(1)染料类药物：常用的有孔雀石绿、亚甲基蓝等，可防治鱼卵的水霉病、幼鱼和成鱼的小瓜虫病、车轮虫病、斜管虫病等。(2)重金属类：硫酸铜、硫酸亚铁合剂。(3)有机磷杀虫剂：如敌百虫。(4)拟除虫菊酯杀虫药：如溴氰菊酯等。(5)咪唑类杀虫剂：甲苯咪唑、丙硫咪唑等。

有机磷杀虫剂是一类最常用的农用杀虫剂，多数属高毒或中等毒类，少数为低毒类。有机磷农药进入体内后与胆碱酯酶结合，致使组织中乙酰胆碱过量，产生中毒表现。马拉硫磷与敌百虫、敌百虫与谷硫磷等混合使用有增毒作用。敌百虫在碱性溶液中转化为毒性更大的敌敌畏。

农药对水体及水产品的污染主要有三个途径。途径之一：从环境中带入。例如农田稻田的农药喷洒，通过雨水等流入池塘，导致水体的污染；农田改池塘，导致底泥中残留。途径之二：养殖过程中的渔药使用。在常规养殖中，敌百虫作为杀虫类渔药使用是非常普遍、频繁的，主要用于杀死各类纤毛虫等。途径之三：药物超剂量使用和非法使用。例如在敌百虫的使用过程中，存在超剂量使用和滥用现象。此外，一些不法捕捞者使用不正当的捕捞方式，例如用敌杀死(溴氰菊酯)捕捞龙虾等。

30.7 思考题

(1)用什么方法提取水样中有机磷农药？

(2)气相色谱法测定水样中有机磷农药怎样定量？

实训三十一 多环芳烃和多氯联苯的测定

31.1 目标

(1)掌握水体中多环芳烃的测定方法。

(2)了解高效液相色谱的用法。

31.2 实训材料与方法

31.2.1 测定方法

多环芳烃和多氯联苯的测定都是用色谱法测定。本实训以多环芳烃为例介绍多环芳烃的测定方法,即采用国家标准方法(HJ 479-2009)——液液萃取和固相萃取高效液相色谱法。

本标准适用于十六种多环芳烃的测定。十六种多环芳烃(PAHs)包括萘、苊、二氢苊、芴、菲、蒽、荧蒽、芘、苯并[a]蒽、苯并[b]荧蒽、苯并[k]荧蒽、苯并[a]芘、茚并[1,2,3-c,d]芘、二苯并[a,h]蒽、苯并[g,h,i]苝。液液萃取法适用于饮用水、地下水、地表水、工业废水及生活污水中多环芳烃的测定。当萃取样品体积为 1 L 时,方法的检出限为 0.002～0.016 μg/L,测定下限为 0.008～0.064 μg/L。萃取样品体积为 2 L,浓缩样品至 0.1 mL,苯并[a]芘的检出限为 0.000 4 μg/L,测定下限为 0.001 6 μg/L。固相萃取法适用于清洁水样中多环芳烃的测定。当富集样品的体积为 10 L 时,方法的检出限为 0.000 4～0.001 6 μg/L,测定下限为 0.001 6～0.006 4 μg/L。方法原理如下:

液液萃取法:用正己烷或二氯甲烷萃取水中多环芳烃(PAHs),萃取液经硅胶或弗罗里硅土柱净化,用二氯甲烷和正己烷的混合溶剂洗脱,洗脱液浓缩后,用具有荧光/紫外检测器的高效液相色谱仪分离检测。

固相萃取法:采用固相萃取技术富集水中多环芳烃(PAHs),用二氯甲烷洗脱,洗脱液浓缩后,用具有荧光/紫外检测器的高效液相色谱仪分离检测。

31.2.2 试剂和材料

本标准所用试剂除另有注明外,均应为符合国家标准的分析纯化学试剂。除非另有说明本标准中所涉及的水均为不含有机物的蒸馏水。

(1)乙腈(CH_3CN):液相色谱纯。

(2)甲醇(CH_3OH):液相色谱纯。

(3)二氯甲烷(CH_2Cl_2):液相色谱纯。

(4)正己烷(C_6H_{14}):液相色谱纯。

(5)硫代硫酸钠($Na_2S_2O_3 \cdot 5H_2O$)。

(6)无水硫酸钠(Na_2SO_4):在 400℃下烘烤 2 h,冷却后,贮于磨口玻璃瓶中密封保存。

(7)氯化钠(NaCl):在 400℃下烘烤 2 h,冷却后,贮于磨口玻璃瓶中密封保存。

(8)标准溶液

多环芳烃标准贮备液:质量浓度为 200 mg/L 含十六种多环芳烃的乙腈溶液,包括萘、

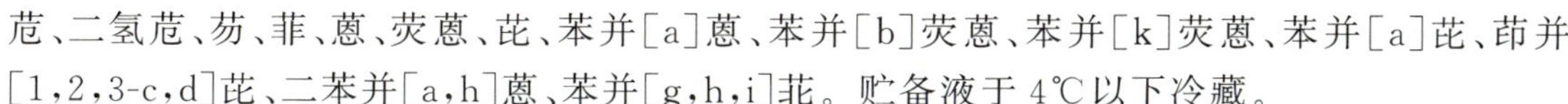

苊、二氢苊、芴、菲、蒽、荧蒽、芘、苯并[a]蒽、苯并[b]荧蒽、苯并[k]荧蒽、苯并[a]芘、茚并[1,2,3-c,d]芘、二苯并[a,h]蒽、苯并[g,h,i]苝。贮备液于 4℃以下冷藏。

多环芳烃标准使用液：取 1.0 mL 多环芳烃标准贮备液于 10 mL 容量瓶中，用乙腈(1)稀释至刻度，该溶液中含多环芳烃 20.0 mg/L，在 4℃以下冷藏。

十氟联苯(Decafluorobiphenyl)：纯度 99%，样品萃取前加入，用于跟踪样品前处理的回收率。十氟联苯标准贮备溶液：称取十氟联苯 0.025 g(准确到 1 mg)，加入 25 mL 容量瓶中，用乙腈溶解并稀释至刻度，该溶液中含十氟联苯 1 000 μg/mL。在 4℃以下冷藏。十氟联苯标准使用溶液：取 1.0 mL 十氟联苯标准贮备溶液于 25 mL 容量瓶中，用乙腈稀释至刻度，该溶液中含十氟联苯 40 μg/mL。在 4℃以下冷藏。

(9)淋洗液：二氯甲烷/正己烷(1+1)混合溶液(*V*/*V*)。

(10)硅胶柱：1 000 mg/6.0 mL。

(11)弗罗里硅土柱：1 000 mg/6.0 mL。

(12)固相萃取柱：C18，1 000 mg/6.0 mL，或固相萃取圆盘等具有同等萃取性能的物品。

(13)玻璃毛或玻璃纤维滤纸：在 400℃加热 1 h，冷却后，贮于磨口玻璃瓶中密封保存。

(14)氮气：纯度≥99.999%，用于样品的干燥浓缩。

31.2.3 仪器和设备

(1)液相色谱仪(HPLC)：具有可调波长紫外检测器或荧光检测器及梯度洗脱功能。

(2)色谱柱：填料为 5 μm ODS，柱长为 25 cm，内径为 4.6 mm 的反相色谱柱或其他性能相近的色谱柱。

(3)采样瓶：1 L 或 2 L 具磨口塞的棕色玻璃细口瓶。

(4)分液漏斗：2 000 mL，玻璃活塞不涂润滑油。

(5)浓缩装置：旋转蒸发装置或 K-D 浓缩器、浓缩仪等性能相当的设备。

(6)液液萃取净化装置。

(7)自动固相萃取仪或固相萃取装置：固相萃取装置由固相萃取柱、分液漏斗、抽滤瓶和泵组成。

(8)干燥柱：长 250 mm，内径 10 mm，玻璃活塞不涂润滑油的玻璃柱。在柱的下端，放入少量玻璃毛或玻璃纤维滤纸，加入 10 g 无水硫酸钠。

(9)一般实验室常用仪器。

31.3 步骤

31.3.1 样品的采集和保存

样品必须采集在预先洗净烘干的采样瓶中，采样前不能用水样预洗采样瓶，以防止样品的沾染或吸附。采样瓶要完全注满，不留气泡。若水中有残余氯存在，要在每升水中加入 80 mg 硫代硫酸钠(5)除氯。样品采集后应避光于 4℃以下冷藏，在 7 d 内萃取，萃取后的样品应避光于 4℃以下冷藏，在 40 d 内分析完毕。

31.3.2 样品预处理

31.3.2.1 液液萃取

萃取：摇匀水样，量取 1 000 mL 水样(萃取所用水样体积根据水质情况可适当增减)，倒入 2 000 mL 的分液漏斗中，加入 50 μL 十氟联苯(8)，加入 30 g 氯化钠(7)，再加入 50 mL

二氯甲烷(3)或正己烷(4),振摇 5 min,静置分层,收集有机相,放入 250 mL 接收瓶中。重复萃取两遍,合并有机相,加入无水硫酸钠至有流动的无水硫酸钠存在。放置 30 min,脱水干燥。

浓缩:用浓缩装置浓缩至 1 mL,待净化。如萃取液为二氯甲烷,浓缩至 1 mL,加入适量正己烷至 5 mL,重复此浓缩过程 3 次,最后浓缩至 1 mL,待净化。

净化:用 1 g 硅胶柱或弗罗里硅土柱作为净化柱,将其固定在液液萃取净化装置上。先用 4 mL 淋洗液冲洗净化柱,再用 10 mL 正己烷平衡净化柱(当 2 mL 正己烷流过净化柱后,关闭活塞,使正己烷在柱中停留 5 min)。将浓缩后的样品溶液加到柱上,再用约 3 mL 正己烷分 3 次洗涤装样品的容器,将洗涤液一并加到柱上,弃去流出的溶剂。被测定的样品吸附于柱上,用 10 mL 二氯甲烷/正己烷(1+1)洗涤吸附有样品的净化柱,收集洗脱液于浓缩瓶中(当 2 mL 洗脱液流过净化柱后关闭活塞,让洗脱液在柱中停留 5 min)。浓缩至 0.5~1.0 mL,加入 3 mL 乙腈,再浓缩至 0.5 mL 以下,最后准确定容到 0.5 mL 待测。

注 1:在萃取过程中出现乳化现象时,可采用搅动、离心、用玻璃棉过滤等方法破乳,也可采用冷冻的方法破乳。

注 2:在样品分析时,若预处理过程中溶剂转换不完全(即有残存正己烷或二氯甲烷),会出现保留时间漂移、峰变宽或双峰的现象。

31.3.2.2 固相萃取

(1)将固相萃取 C18 柱安装在自动固相萃取仪上,连接好固相萃取装置。

(2)活化柱子:先用 10 mL 二氯甲烷预洗 C18 柱,使溶剂流尽。接着用 10 mL 甲醇分两次活化 C18 柱,再用 10 mL 水分两次活化 C18 柱。在活化过程中,不要让柱子流干。

(3)样品的富集:在 1 000 mL 水样(富集所用水样体积根据水质情况可适当增减)中加入 5 g 氯化钠和 10 mL 甲醇,加入 50 μL 十氟联苯,混合均匀后以 5 mL/min 的流速流过已活化好的 C18 柱。

(4)干燥:用 10 mL 水冲洗 C18 柱后,真空抽滤 10 min 或用高纯氮气吹 C18 柱 10 min,使柱干燥。

(5)洗脱:用 5 mL 二氯甲烷洗提浸泡 C18 柱,停留 5 min 后,再用 5 mL 二氯甲烷以 2 mL/min 的速度洗脱样品,收集洗脱液。用 2 mL 二氯甲烷洗样品瓶,并入洗脱液。

(6)脱水:先用 10 mL 二氯甲烷预洗干燥柱 31.2.3(8),加入洗脱液后,再加 2 mL 二氯甲烷洗柱,用浓缩瓶收集流出液。浓缩至 0.5~1.0 mL,加入 3 mL 乙腈,再浓缩至 0.5 mL 以下,最后准确定容到 0.5 mL 待测。

31.3.3 色谱条件

31.3.3.1 色谱条件Ⅰ

梯度洗脱程序:65%乙腈+35%水,保持 27 min;以 2.5%乙腈/min 的增量至 100%乙腈,保持至出峰完毕。流动相流量:1.2 mL/min。

31.3.3.2 色谱条件Ⅱ

梯度洗脱程序:80%甲醇+20%水,保持 20 min;以 1.2%甲醇/min 的增量至 95%甲醇+5%水,保持至出峰完毕。流动相流量:1.0 mL/min。

31.3.3.3 检测器

紫外检测器的波长:254 nm、220 nm 和 295 nm。

荧光检测器的波长:激发波长 λ_{ex}=280 nm,发射波长 λ_{em}=340 nm;20 min 后 λ_{ex}=300 nm，λ_{em}为 400 nm、430 nm 和 500 nm。

十六种多环芳烃在紫外检测器上对应的最大吸收波长及在荧光检测器特定条件下最佳的激发和发射波长见表 1。

表 1　用紫外和荧光检测器检测多环芳烃时对应的波长

单位：nm

序号	组分名称	最大紫外吸收波长	激发波长 λ_{ex}	发射波长 λ_{em}
1	萘	219	75	350
2	苊	228	—	—
3	芴	210	275	350
4	二氢苊	225	275	350
5	菲	251	275	350
6	蒽	251	260	420
7	荧蒽	232	270	440
8	芘	238	270	440
9	䓛	267	260	420
10	苯并[a]蒽	287	260	420
11	苯并[b]荧蒽	258	290	430
12	苯并[k]荧蒽	240	290	430
13	苯并[a]芘	295	290	430
14	二苯并[a,h]蒽	296	290	430
15	苯并[g,h,i]苝	210	290	430
16	茚并[1,2,3-cd] 芘	251	250	500

注："—"表示荧光检测器不适用于苊的测定

31.3.4　标准曲线的绘制

31.3.4.1　标准系列的制备

取一定量多环芳烃标准使用液和十氟联苯标准使用液于乙腈中，制备至少 5 个浓度点的标准系列，多环芳烃质量浓度分别为 0.1、0.5、1.0、5.0、10.0 μg/mL，贮存在棕色小瓶中，于冷暗处存放。

31.3.4.2　初始标准曲线

通过自动进样器或样品定量环分别移取 5 种浓度的标准使用液 10 μL，注入液相色谱，得到各不同浓度的多环芳烃的色谱图。以峰高或峰面积为纵坐标，浓度为横坐标，绘制标准曲线。标准曲线的相关系数应>0.999，否则要重新绘制标准曲线。

31.3.4.3　标准样品的色谱图

不同填料的色谱柱，化合物出峰的顺序有所不同。图 1 和图 2 为在本标准规定的色谱条件Ⅰ下，两种不同检测器串联的十六种多环芳烃标准色谱图。

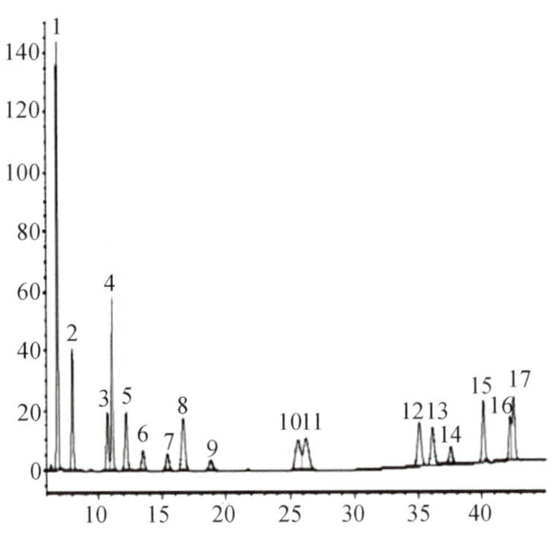

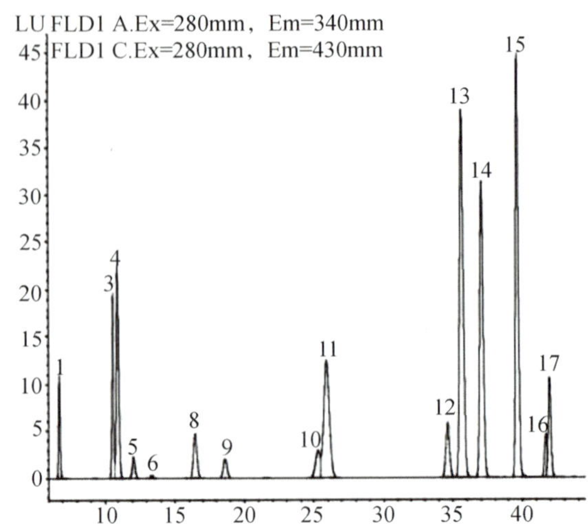

1—萘；2—苊；3—芴；4—二氢苊；5—菲；6—蒽；7—十氟联苯；8—荧蒽；9—芘；10—屈；11—苯并[a]蒽；12—苯并[b]荧蒽；13—苯并[k]荧蒽；14—苯并[a]芘；15—二苯并[a，h]蒽；16—苯并[ghi]芘；17—茚并[1，2，3-cd]芘

图1　16种多环芳烃标样的紫外谱图　　**图2　16种多环芳烃标样的荧光谱图**

31.3.4.4　连续校准

每个工作日应测定曲线中间点溶液，来检验标准曲线。

31.3.5　样品的测定

取 10 μL 待测样品注入高效液相色谱仪中，记录色谱峰的保留时间和峰高(或峰面积)。

31.3.6　空白实验

在分析样品的同时，应做空白实验，即用蒸馏水代替水样，按与样品测定相同步骤分析，检查分析过程中是否有污染。

31.3.7　结果计算

按下式计算样品中多环芳烃的质量浓度：

$$\rho_i = \frac{\rho_{xi} \times V_1}{V}$$

式中，ρ_i—样品中组分 i 的质量浓度，μg/L；

ρ_{xi}—从标准曲线中查得组分 i 的质量浓度，mg/L；

V_1—萃取液浓缩后的体积，μL；

V—水样体积，mL。

31.4　要求及注意事项

31.4.1　空白

所有空白测试结果应低于方法检出限。

(1)试剂空白：每批试剂均应分析试剂空白。

(2)空白实验：每分析一批样品至少做一个空白实验。

31.4.2　加标回收率控制范围

(1)空白加标：各组分的回收率在 60%～120%之间。

(2)十氟联苯:回收率在50%～130%之间。

31.5　考核

参见实训一。

31.6　案例

持久性有机污染物(POPs)主要包括多环芳烃(PAHs)、多氯联苯(PCBs)和有机氯农药(OCPs)等。POPs在环境中不易降解,存留时间较长,可通过大气、水等进行长距离的输送而影响全球环境,并能通过食物链在生物体内富集。连子如等(2010)于2007年10—11月采集了青岛近海13个站位的鱼、虾和软体类动物,分析了其肌肉中的多环芳烃、多氯联苯和有机氯农药的含量和组成。结果表明,多环芳烃、多氯联苯和有机氯农药更易在鱼类体内富集,其含量远大于软体类和虾类。有机氯农药中,滴滴涕的含量显著高于六六六。

31.7　思考题

怎样萃取水样中多环芳烃进行测定?

实训三十二 大肠杆菌群的测定

32.1 目标

(1)掌握水体中大肠杆菌群的测定方法。

(2)了解水体中大肠杆菌对养殖水产品的影响。

32.2 实训材料与方法

32.2.1 测定方法

采用国家标准方法——多管发酵法(标准号 HJ/T 347-2007)测定。

该方法原理为:多管发酵法是以最可能数(most probable number,简称 MPN)来表示试验结果的。实际上它是根据统计学理论,估计水体中的大肠杆菌密度和卫生质量的一种方法。如果从理论上考虑,并且进行大量的重复检定,可以发现这种估计有大于实际数字的倾向。不过只要每一稀释度试管重复数目增加,这种差异便会减少,对于细菌含量的估计值,大部分取决于那些既显示阳性又显示阴性的稀释度。因此在实验设计上,水样检验所要求重复的数目,要根据所要求数据的准确度而定。

32.2.2 培养基和试剂

本标准所用试剂除另有注明外,均为符合国家标准的分析纯化学试剂;实验用水为新制备的去离子水。

(1)单倍乳糖蛋白胨培养液

成分:蛋白胨 10 g;

牛肉浸膏 3 g;

乳糖 5 g;

氯化钠 5 g;

1.6% 溴甲酚紫乙醇溶液 1 mL;

蒸馏水 1 000 mL。

制法:将蛋白胨、牛肉浸膏、乳糖、氯化钠加热溶解于 1 000 mL 蒸馏水中,调节 pH 为 7.2~7.4,再加入 1.6% 溴甲酚紫乙醇溶液 1 mL,充分混匀,分装于含有倒置的小玻璃管的试管中,于高压蒸汽灭菌器中,在 115℃灭菌 20 min,贮存于暗处备用。

(2)三倍乳糖蛋白胨培养液:按上述配方比例三倍(除蒸馏水外),配成三倍浓缩的乳糖蛋白胨培养液,制法同上。

(3)EC 培养液

成分:胰胨 20 g;

乳糖 5 g;

胆盐三号 1.5 g;

磷酸氢二钾(K_2HPO_4) 4 g;

磷酸二氢钾(KH_2PO_4) 1.5 g；

氯化钠 5 g；

蒸馏水 1 000 mL。

制法：将上述成分加热溶解，然后分装于含有玻璃倒管的试管中，置高压蒸汽灭菌器中，115℃灭菌 20 min。灭菌后 pH 应为 6.9。

(4)培养基的存放

在密封瓶中的脱水培养基成品要存放在大气湿度低，温度低于 30℃的暗处，存放时应避免阳光直接照射，并且要避免杂菌侵入和液体蒸发。当培养液颜色变化，或体积变化明显时废弃不用。

32.3　步骤

32.3.1　水样接种量

将水样充分混匀后，根据水样污染的程度确定水样接种量。每个样品至少用三个不同的水样量接种，同一接种水样量要有五管。相对未受污染的水样接种量为 10 mL、1 mL、0.1 mL。受污染水样接种量根据污染程度接种 1 mL、0.1 mL、0.01 mL 或 0.1 mL、0.01 mL、0.001 mL 等。使用的水样量可参考表 1。

表 1　接种用水量参考表

水样种类	检测方法	100	50	10	1	0.1	10^{-2}	10^{-3}	10^{-4}	10^{-5}
井水	多管发酵法			×	×	×				
河水、塘水	多管发酵法				×	×	×			
湖水、塘水	多管发酵法						×	×	×	
城市原污水	多管发酵法							×	×	×

如接种体积为 10 mL，则试管内应装有三倍浓度乳糖蛋白胨培养液 5 mL；如接种量为 1 mL 或少于 1 mL，则可接种于普通浓度的乳糖蛋白胨培养液 10 mL 中。

32.3.2　初发酵试验

将水样分别接种到盛有乳糖蛋白胨培养液的发酵管中，在(37±0.5)℃下培养(24±2) h。产酸和产气的发酵管表明试验阳性。如在倒管内产气不明显，可轻拍试管，有小气泡升起的为阳性。

32.3.3　复发酵试验

轻微振荡初发酵试验阳性结果的发酵管，用 3 mm 接种环或灭菌棒将培养物转接到 EC 培养液中。在(44.5±0.5)℃温度下培养(24±2) h(水浴箱的水面应高于试管中培养基液面)。接种后所有发酵管必须在 30 min 内放进水浴中。培养后立即观察，发酵管产气则证实为粪大肠菌群阳性。

32.3.4　结果的计算

根据不同接种量的发酵管所出现阳性结果的数目，从表 2 或表 3 中查得每升水样中的粪大肠菌群。接种水样为 100 mL 2 份、10 mL 10 份，总量 300 mL 时，查表 2 可得每升水样中的粪大肠菌群；接种5份10 mL水样、5份1 mL水样、5份0.1 mL水样时，查表3求得MPN指数，MPN值再乘10，即为1 L水样中的粪大肠菌群。如果接种的水样不是10 mL、1 mL和0.1 mL，而是较低的或较高的三个浓度的水样量，也可查表3求得MPN值，再经下式计算成每100 mL的MPN值。

$$\text{MPN值}=\text{MPN指数}\times\frac{10(\text{mL})}{\text{接种量最大的一管}(\text{mL})}$$

表2　粪大肠菌群检数表

10 mL水量的阳性管数	100 mL水量的阳性瓶数 0 1 L水样中粪大肠菌群数	1 1 L水样中粪大肠菌群数	2 1 L水样中粪大肠菌群数
0	<3	4	11
1	3	8	18
2	7	13	27
3	11	18	38
4	14	24	52
5	18	30	70
6	22	36	92
7	27	43	120
8	31	51	161
9	36	60	230
10	40	69	>230

接种水样100 mL 2份、10 mL 10份，总量300 mL。

表3　最可能数(MPN)表

出现阳性份数 10 mL管	1 mL管	0.1 mL管	每100 mL水样中细菌数的最可能数	95%置信区间 下限	上限	出现阳性份数 10 mL管	1 mL管	0.1 mL管	每100 mL水样中细菌数的最可能数	95%置信区间 下限	上限
0	0	0	<2			4	2	1	26	9	78
0	0	1	2	<0.5	7	4	3	0	27	9	80
0	1	0	2	<0.5	7	4	3	1	33	11	93
0	2	0	4	<0.5	11	4	4	0	34	12	93
1	0	0	2	<0.5	7	5	0	0	23	7	70
1	0	1	4	<0.5	11	5	0	1	34	11	89

续表

出现阳性份数			每100 mL水样中细菌数的最可能数	95%置信区间		出现阳性份数			每100 mL水样中细菌数的最可能数	95%置信区间	
10 mL管	1 mL管	0.1 mL管		下限	上限	10 mL管	1 mL管	0.1 mL管		下限	上限
1	1	0	4	<0.5	11	5	0	2	43	15	110
1	1	1	6	<0.5	15	5	1	0	33	11	93
1	2	0	6	<0.5	15	5	1	1	46	16	120
2	0	0	5	<0.5	13	5	1	2	63	21	150
2	0	1	7	1	17	5	2	0	49	17	130
2	1	0	7	1	17	5	2	1	70	23	170
2	1	1	9	2	21	5	2	2	94	28	220
2	2	0	9	2	21	5	3	0	79	25	190
2	3	0	12	3	28	5	3	1	110	31	250
3	0	0	8	1	19	5	3	2	140	37	310
3	0	1	11	2	25	5	3	3	180	44	500
3	1	0	11	2	25	5	4	0	130	35	300
3	1	1	14	4	34	5	4	1	170	43	190
3	2	0	14	4	34	5	4	2	220	57	700
3	2	1	17	5	46	5	4	3	280	90	850
3	3	0	17	5	46	5	4	4	350	120	10
4	0	0	13	3	31	5	5	0	240	68	750
4	0	1	17	5	46	5	5	1	350	120	10
4	1	0	17	5	46	5	5	2	540	180	14
4	1	1	21	7	63	5	5	3	920	300	32
4	1	2	26	9	78	5	5	4	1 600	640	58
4	2	0	22	7	67	5	5	5	≥2 400		

接种5份10 mL水样、5份1 mL水样、5份0.1 mL水样时，不同阳性及阴性情况下100 mL水样中细菌数的最可能数和95%可信限值。

32.4 考核

参见实训一。

32.5 案例

养殖生物会富集水体中大肠杆菌，徐捷等(2005)通过观察贝类在海水中对大肠杆菌的富集情况分析养殖水体与贝类中大肠杆菌含量的关系，发现海水中的大肠杆菌含量在 1.4×10^{1} 个/100 mL 的条件下贝类体内富集的大肠杆菌为 3.0×10^{2} 个/100 g，符合欧盟和美国一类养殖水域要求，可直接上市；海水中的大肠杆菌含量在 $1.4\times10^{1}\sim7.0\times10^{1}$/100 mL 之间的条件下贝类体内富集的大肠杆菌为 4.2×10^{3} 个/100 g，符合欧盟二类养殖水域要求。

徐捷等(2006)研究了在不同大肠杆菌含量的养殖水体中菲律宾蛤仔对大肠杆菌的富集情况，结果是菲律宾蛤仔对大肠杆菌的富集量随着大肠杆菌在养殖水体中含量的升高而增大，从而推导出富集量公式 $y=0.9254x^{2}+17.366x-123.77$。参照 CAC、91/492/EEC 和 NSSP 的标准，通过相关换算，再与国内标准进行对比，建议将菲律宾蛤仔养殖水体中大肠杆菌的安全限量定为≤70 MPN/100 mL，将供生食的菲律宾蛤仔养殖水体中大肠杆菌的安全限量定为≤14 MPN/100 mL。

32.6 思考题

(1)测定水样中大肠杆菌时，怎样确定水样接种量？

(2)测定过程中两次发酵试验的差异是什么？为什么要进行两次发酵试验？

实训三十三 油类的测定

33.1　目标

(1)掌握水样中油类的测定方法。

(2)了解水体中油类对生物的危害。

33.2　实训材料与方法

33.2.1　测定方法

采用国家标准方法——红外光度法测定水体中油类含量(标准号 GB/T 16488-1996)。

该方法原理为:用四氯化碳萃取水中的油类物质,测定总萃取物,然后将萃取液用硅酸镁吸附,经脱除动植物油等极性物质后,测定石油类。总萃取物和石油类的含量均由波数分别为 2 930 cm^{-1}(CH_2基团中 C—H 键的伸缩振动)、2 960 cm^{-1}(CH_3基团中 C—H 键的伸缩振动)和 3 030 cm^{-1}(芳香环中 C—H σ 键的伸缩振动)谱带处的吸光度 $A_{2\,930}$、$A_{2\,960}$ 和 $A_{3\,030}$进行计算。动植物油的含量按总萃取物与石油类含量之差计算。

33.2.2　试剂和材料

除非另有说明,分析时均使用符合国家标准的分析纯试剂和蒸馏水或同等纯度的水。

(1)四氯化碳(CCl_4):在 2 600～3 300 cm^{-1}之间扫描,其吸光度应不超过 0.03(1 cm比色皿,空气池作参比)。

注:四氯化碳有毒,操作时要谨慎小心,并在通风橱内进行。

(2)硅酸镁:60～100 目。取硅酸镁于瓷蒸发皿中,置高温炉内 500℃加热 2 h,在炉内冷至约 200℃后,移入干燥器中冷至室温,于磨口玻璃瓶内保存。使用时,称取适量的干燥硅酸镁于磨口玻璃瓶中,根据干燥硅酸镁的重量,按 6%(m/m)的比例加适量的蒸馏水,密塞并充分振荡数分钟,放置约 12 h 后使用。

(3)吸附柱:内径 10 mm、长约 200 mm 的玻璃层析柱。出口处填塞少量用萃取溶剂浸泡并晾干后的玻璃棉,将已处理好的硅酸镁(2)缓缓倒入玻璃层析柱中,边倒边轻轻敲打,填充高度为 80 mm。

(4)无水硫酸钠(Na_2SO_4):在高温炉内 300℃加热 2 h,冷却后装入磨口玻璃瓶中,干燥器内保存。

(5)氯化钠(NaCl)。

(6)盐酸(HCL):ρ=1.18 g/mL。

(7)盐酸溶液:1+5。

(8)氢氧化钠(NaOH)溶液:50 g/L。

(9)硫酸铝[$Al_2(SO_4)_3 \cdot 18H_2O$]溶液:130 g/L。

(10)正十六烷[$CH_3(CH_2)_{14}CH_3$]。

(11)姥鲛烷(2,6,10,14-四甲基十五烷)。

(12)甲苯($C_6H_5CH_3$)。

33.2.3　仪器和设备

(1)仪器:红外分光光度计,能在 2 400～3 400 cm^{-1}之间进行扫描操作,并配1 cm和 4 cm 带盖石英比色皿。

(2)分液漏斗:1 000 mL,活塞上不得使用油性润滑剂。

(3)容量瓶:50 mL、100 mL 和 1 000 mL。

(4)玻璃砂芯漏斗:G-1 型 40 mL。

(5)采样瓶:玻璃瓶。

33.3　步骤

33.3.1　采样

油类物质要单独采样,不允许在实验室内再分样。采样时,应连同表层水一并采集,并在样品瓶上作一标记,用以确定样品体积。当只测定水中乳化状态和溶解性油类物质时,应避开漂浮在水体表面的油膜层,在水面下 20～50 cm 处取样。当需要报告一段时间内油类物质的平均浓度时,应在规定的时间间隔分别采样而后分别测定。

33.3.2　样品保存

样品如不能在 24 h 内测定,采样后应加盐酸酸化至 pH≤2,并于 2～5℃下冷藏保存。

33.3.3　测定步骤

33.3.3.1　萃取

(1)直接萃取

将一定体积的水样全部倾入分液漏斗中,加盐酸酸化至 pH≤2,用 20 mL 四氯化碳洗涤采样瓶后移入分液漏斗中,加约 20 g 氯化钠,充分振荡 2 min,并经常开启活塞排气。静置分层后,将萃取液经已放置约 10 mm 厚度无水硫酸钠的玻璃砂芯漏斗流入容量瓶内。用 20 mL 四氯化碳重复萃取一次。取适量的四氯化碳洗涤玻璃砂芯漏斗,洗涤液一并流入容量瓶,加四氯化碳稀释至标线定容,并摇匀。将萃取液分成两份,一份直接用于测定总萃取物,另一份经硅酸镁吸附后,用于测定石油类。

(2)絮凝富集萃取

水样中石油类和动植物油的含量较低时,采用絮凝富集萃取法。

往一定体积的水样中加 25 mL 硫酸铝溶液并搅匀,然后边搅拌边逐滴加入 25 mL 氢氧化钠溶液,待形成絮状沉淀后沉降 30 min,虹吸法弃去上层清液,加适量的盐酸溶液溶解沉淀,以下步骤按 33.3.3.1(1)进行。

33.3.3.2　吸附

取适量的萃取液通过硅酸镁吸附柱,弃去前约 5 mL 的滤出液,余下部分接入玻璃瓶用于测定石油类。如萃取液需要稀释,应在吸附前进行。

33.3.3.3　测定

(1)样品测定

以四氯化碳作参比溶液,使用适当光程的比色皿,在 2 400～3 400 cm^{-1}之间分别对萃取液和硅酸镁吸附后滤出液进行扫描,于 2 600～3 300 cm^{-1}之间画一直线作基线,在 2 930 cm^{-1}、2 960 cm^{-1}和 3 030 cm^{-1}处分别测量萃取液和硅酸镁吸附后滤出液的吸光度 $A_{2\,930}$、

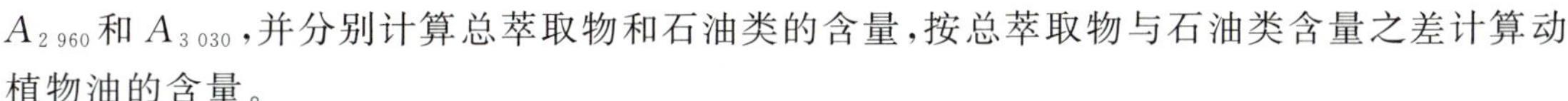

$A_{2\,960}$和$A_{3\,030}$，并分别计算总萃取物和石油类的含量，按总萃取物与石油类含量之差计算动植物油的含量。

(2)校正系数测定

以四氯化碳为溶剂，分别配制100 mg/L正十六烷、100 mg/L姥鲛烷和40 mg/L甲苯溶液。用四氯化碳作参比溶液，使用1 cm比色皿，分别测量正十六烷、姥鲛烷和甲苯三种溶液在2 930 cm^{-1}、2 960 cm^{-1}、3 030 cm^{-1}处的吸光度$A_{2\,930}$、$A_{2\,960}$和$A_{3\,030}$。

正十六烷、姥鲛烷和甲苯三种溶液在上述波数处的吸光度均服从于以下通用式，由此得出的联立方程式，经求解后，可分别得到相应的校正系数X、Y、Z和F。

$$c = X \cdot A_{2\,930} + Y \cdot A_{2\,960} + Z(A_{3\,030} - A_{2\,930}/F) \quad (1)$$

式中，c—萃取溶剂中化合物的含量，mg/L；

$A_{2\,930}$、$A_{2\,960}$和$A_{3\,030}$— 各对应波数下测得的吸光度；

X、Y、Z 与各种C—H键吸光度相对应的系数；

F—脂肪烃对芳香烃影响的校正因子，即正十六烷在2 930 cm^{-1}和3 030 cm^{-1}处的吸光度之比。

对于正十六烷(H)和姥鲛烷(P)，由于其芳香烃含量为零，即成$A_{3\,030} - A_{2\,930}/F = 0$，则有：

$$F = A_{2\,930}(H)/A_{3\,030}(H) \quad (2)$$

$$c(H) = X \cdot A_{2\,930}(H) + Y \cdot A_{2\,960}(H) \quad (3)$$

$$c(P) = X \cdot A_{2\,930}(P) + Y \cdot A_{2\,960}(P) \quad (4)$$

由式(2)可得F值，由式(3)和(4)可得X和Y值，其中c(H)和c(P)分别为测定条件下正十六烷和姥鲛烷的浓度(mg/L)。

对于甲苯(T)，则有：

$$c(T) = X \cdot A_{2\,930}(T) + Y \cdot A_{2\,960}(T) + Z \cdot A_{3\,030}(T) \quad (5)$$

由式(5)可得Z值，其中c(T)为测定条件下甲苯的浓度(mg/L)。

以用异辛烷代替姥鲛烷，苯代替甲苯，用相同方法测定校正系数。两系列物质在同一仪器相同波数下的吸光度不一定完全一致，但测得的校正系数变化不大。

(3)校正系数检验

①分别准确量取纯正十六烷、姥鲛烷和甲苯，按5∶3∶1(V/V)的比例配成混合烃。使用时根据所需浓度，准确称取适量的混合烃，以四氯化碳为溶剂配成适当浓度范围(如5 mg/L、40 mg/L、80 mg/L等)的混合烃系列溶液。

②在2 930 cm^{-1}、2 960 cm^{-1}和3 030 cm^{-1}处分别测量混合烃系列溶液的吸光度$A_{2\,930}$、$A_{2\,960}$和$A_{3\,030}$，按式(1)计算混合烃系列溶液的浓度，并与配制值进行比较，如混合烃系列溶液浓度测定值的回收率在90%～110%范围内，则校正系数可采用，否则应重新测定校正系数并检验，直至符合条件为止。

以异辛烷代替姥鲛烷、苯代替甲苯测定校正系数时，用正十六烷、异辛烷和苯按65∶25∶10(V/V)的比例配制混合烃，然后按相同方法检验校正系数。

(4)空白试验

以水代替试料，加入与测定时相同体积的试剂，并使用相同光程的比色皿，按33.3.3.3(1)中有关步骤进行空白试验。

33.3.4 结果计算

33.3.4.1 总萃取物量

水样中总萃取物量 c_1(mg/L)按下式计算：

$$c_i = (x \cdot A_{2\,930} + Y \cdot A_{2\,960} + Z \cdot A_{3\,030}) \cdot \frac{V_0 \cdot D \cdot l}{V_w \cdot L}$$

式中，X、Y、Z、F—校正系数；

$A_{2\,930}$、$A_{2\,960}$、$A_{3\,030}$—各对应波数下测得萃取液的吸光度；

V_0—萃取溶剂定容体积，mL；

V_w—水样体积，mL；

D—萃取液稀释倍数；

l—测定校正系数时所用比色皿的光程，cm；

L—测定水样时所用比色皿的光程，cm。

33.3.4.2 石油类含量

水样中石油类的含量 c_2(mg/L)按下式计算：

$$c_i = \left[x \cdot A_{2\,930} + Y \cdot A_{2\,960} + Z\left(A_{3\,030} - \frac{A_{2\,930}}{F}\right)\right] \cdot \frac{V_0 \cdot D \cdot l}{V_w \cdot L}$$

式中，$A_{2\,930}$、$A_{2\,960}$、$A_{3\,030}$— 各对应波数下测得硅酸镁吸附后滤出液的吸光度；其他符号意义同前。

33.4 要求及注意事项

萃取剂四氯化碳为易挥发毒性气体，因此该实验应在通风橱操作，并且注意做好防护措施避免吸入。

33.5 考核

参见实训一。

33.6 案例

油类对水体和海域生态环境的危害主要表现在以下几个方面：油类中的水溶性组分对鱼类有直接毒害作用，可使鱼类出现中毒甚至死亡；油膜附着在鱼鳃上会妨碍鱼类的正常呼吸，对鱼虾的生存、生长极为不利；油类附在藻类、浮游植物上会妨碍光合作用，造成藻类和浮游植物死亡，进而降低水体的饵料基础，对整个生态系统造成损害；沉降性油类会覆盖在底泥上，破坏底栖生态环境，妨碍底栖生物的正常生长和繁殖；油类可直接使鱼类附着臭味或随食物进入鱼、虾、贝、藻类体内后使之带上异臭异味，影响其经济价值，危害人们的健康；油类还可降低鱼类的繁殖力，在受油类污染的水体中，鱼卵难以孵化，即使孵出鱼苗也多呈畸形，死亡率高。

如何防治工业废水及油类对水体的污染呢？首先，工厂建设前选址要慎重，必须按照系统建设规划，在不影响周围环境的条件下进行工业发展。其次，工业废水必须有序排放。工业废水在排放前，必须经过严密处理，在符合排放标准的条件下排放，也可以在排放时进行废水再利用处理，自废水中提炼有用的物质，达到变废为宝，综合利用的目的。对于油类污

染，一方面要杜绝人为因素，不可将油类排放于水体；另一方面，在海域中运油前要加强运输工具检修，小心操作，谨防油类流入海域。

33.7　思考题

(1)测定水体中油类时，采样和保存过程需要注意什么？

(2)水样中油类萃取方法有哪些？

参考文献

[1] GB 17378-2007 海洋监测规范 [S]

[2] GB/T 5750-2006 生活饮用水标准检验方法 [S]

[3] HJ 442-2008 近岸海域环境监测规范 [S]

[4] GB 11914-89 水质化学需氧量的测定(重铬酸盐法)[S]

[5] GB 18668-2002 海洋沉积物质量 [S]

[6] GB 8978-1996 污水综合排放标准[S]

[7] 金朝晖. 环境监测[M]. 天津:天津大学出版社,2007

[8] 李涛. 养殖池塘的水质指标和水质控制技术[J]. 重庆水产,2009(3):25～29

[9] 宋学林,沈勤. 养殖池水质控制技术[J]. 现代农业科技,2010(7):360～365

[10] 杨雅华,朱丽华,陈秀玲,等. 半封闭循环水养殖池塘水质环境监测与分析[J]. 河北渔业,2010,198(6):26～30

[11] 张井增,刘国祥,刘岳,等. 雨季池塘水质控制技术[J]. 中国水产,2010(8):48～49

[12] 国家环境保护总局,水和废水监测分析方法编委会.水和废水监测分析方法(第四版-增补版)[M].北京:中国环境科学出版社,2002